Monica Schori

Trainingsbuch Kundenkontakt

Der Weg zum souveränen Umgang
mit allen Kunden

REDLINE | VERLAG

Bibliografische Information der Deutschen Nationalbibliothek:
Die Deutsche Nationalbibliothek verzeichnet diese Publikation in der Deutschen Nationalbibliografie; detaillierte bibliografische Daten sind im Internet über **http://d-nb.de** abrufbar.

Für Fragen und Anregungen:
info@redline-verlag.de

2. Auflage 2020

Nymphenburger Straße 86
D-80636 München
Tel.: 089 651285-0
Fax: 089 652096

Redaktion: Ulrike Kroneck, Melle-Buer
Umschlaggestaltung: Maria Wittek, München
Umschlagabbildung: iStockphoto.com
Illustrationen: Corinne Bromundt, St. Gallen (CH)
Satz: Grafikstudio Foerster, Belgern
Druck: GGP Media GmbH, Pößneck
Printed in Germany

ISBN Print 978-3-86881-598-6
ISBN E-Book (PDF) 978-3-86414-744-9
ISBN E-Book (EPUB, Mobi) 978-3-86414-745-6

Weitere Informationen zum Verlag finden Sie unter
www.redline-verlag.de

Inhalt

Vorwort

Liebe Leserin, lieber Leser,

in den letzten Jahren sind viele spannende Bücher zum Thema Serviceorientierung erschienen. Und alle stellen die Zufriedenheit der Kunden in den Mittelpunkt. Diese sollen immer besser bedient, ja verblüfft werden und sich zu einem treuen Stammpublikum entwickeln. Mit leistungsstarken Computerprogrammen kann der Dienstleistungsprozess auch technisch optimal unterstützt werden. Wozu also noch ein weiteres Buch zum Thema Kundenkontakt?

Die Antwort ist einfach: In diesem Trainingsbuch geht es nicht um die Kunden, sondern NUR UM SIE, die Person, die diesen Topservice täglich bieten soll:

- Wie erzielen Sie überall und immer Erfolg, erhalten Bestätigung und Befriedigung in Ihrem Dienstleistungsjob?
- Welches Grundwissen brauchen Sie dazu?
- Welche Einstellung und welches Verhalten helfen Ihnen dabei?
- Wie drücken Sie sich höflich und doch bestimmt aus?
- Wie können Sie dafür sorgen, dass möglichst viele Ihrer Begegnungen mit Kunden angenehm verlaufen?
- Mit welchen Verhaltensweisen können Sie auch schwierigere Kontakte erfolgreich bewältigen?

Auf all diese Fragen soll dieses praxisorientierte Nachschlagewerk Antworten liefern.

»Für angenehme Erinnerungen muss man im Voraus sorgen.«

Paul Hörbiger, österreichischer Schauspieler

Wir alle sind an den verschiedensten Orten Kunden und haben darum auch oft Gelegenheit, die unterschiedlichsten Personen bei der Ausübung ihres Berufes zu beobachten. Es sind drei ganz typische Kategorien von Dienstleistern, mit denen wir es immer wieder zu tun haben:

Die fröhlichen, zufriedenen und ausgeglichenen Servicekräfte

Das sind Menschen, die generell wenig Probleme mit Kunden, Gästen, Klienten, Bewohnern oder Schülern haben. Sie wirken souverän und machen ihren Beruf mit Lust und Freude. Wenn andere sich über schwierige Kundensituationen beklagen, wundern sie sich gelegentlich, warum sie selbst so wenig problematische oder ärgerliche Erlebnisse aus ihrem Berufsalltag beisteuern können. Diesen Dienstleistern schauen wir über die Schultern und finden heraus, was wir von ihnen lernen können. Sollten *Sie* zu dieser Kategorie gehören und in den Besitz dieses Buches gelangt sein, schenken Sie es doch bitte jemandem, der es *wirklich* brauchen kann.

Die etwas Unsicheren und gelegentlich Leidenden

Ein Großteil von Dienstleistenden fühlt sich immer mal wieder unsicher. Sie geben sich große Mühe, sind hilfsbereit und engagiert. Und doch fühlen sie sich gelegentlich ungerecht behandelt und leiden mehr als nötig. Manchmal haben sie für ihre Kunden nur ein verständnisloses Kopfschütteln übrig und sehnen sich nach der berühmten einsamen Insel oder einer Arbeitsstelle fernab von jedem Kundenkontakt.

Diesen Dienstleistenden wird das Trainingsbuch eine Hilfe für ihren Alltag sein.

Und dann gibt es noch eine dritte Gruppe:

Die Mitarbeiter, die Schwierigkeiten mit Kunden förmlich anzuziehen scheinen

Häufig erwarten diese Personen bereits das Unerfreuliche. Dann reagieren sie mit Ärger oder fühlen sich als Opfer ihrer Geschäftskontakte. Jede unangenehme Begegnung bestätigt sie wiederum in ihrer Überzeugung, es mit ganz besonders blöden oder bösen Menschen zu tun zu haben. Für Mitarbeiter dieser Gruppe lohnt es sich, sich etwas tiefer mit der eigenen Berufsrolle und Einstellung zu befassen.

- Was heißt eigentlich Dienstleistung genau?
- Wie macht man das? Was gehört dazu?
- Will ich das überhaupt und was sollte ich noch lernen?

Diese Fragen sind entscheidend, wenn man sich in einem Beruf mit Kunden wohlfühlen will. Nur was wir gerne tun, tun wir auch gut. Und Dienstleister sein ist nun einfach nicht etwas, was jedem liegt.

Das Trainingsbuch hilft den Vertretern dieser dritten Gruppe, notwendige Veränderungen anzupacken oder sich bewusst gegen einen Beruf im Kundenkontakt zu entscheiden.

> *»Auch eine Enttäuschung, wenn sie nur gründlich und endgültig ist, bedeutet einen Schritt vorwärts.«*
>
> *Max Frisch*

Dumme Fehler – böse Kunden

Manche Mitarbeiter realisieren nicht, dass sie möglicherweise selbst immer wieder einen Beitrag leisten, dass schwierige Situationen überhaupt entstehen:

- Die Servicekraft auf der überfüllten Sommerterrasse, die konsequent nicht in die Richtung der neuen Gäste schaut (vermutlich in der Hoffnung, diese würden sich dann in Luft auflösen) ...
- Die Dame am Schalter, die nicht lächelt oder noch schnell einen Brief zu Ende schreibt, bevor sie aufsteht ...
- Der Mechaniker, der mit seinem Kollegen in seiner – dem Kunden fremden – Muttersprache spricht ...
- Der Zugbegleiter, der während der Fahrkartenkontrolle Kaugummi kaut ...

... sie alle machen das nicht aus böser Absicht, sondern weil es ihnen an der Wahrnehmung für das, was sie tun, mangelt. Sie realisieren nicht, was sie mit diesem Verhalten auslösen können. Auf Kundenseite entsteht möglicherweise blitzschnell ein Unbehagen, das den weiteren Verlauf der Begegnung prägt. Man schaukelt sich gegenseitig hoch, beide Seiten fühlen sich unverstanden und es entwickelt sich ein unangenehmer Kontakt. Und häufig ist später ganz schwierig zu sagen, was zuerst war – »das Huhn oder das Ei«! Ganz klar ist: Professionelles und wertschätzendes Verhalten im Kundenkontakt zahlt sich für alle und immer aus. Doch respektvolle Behandlung haben nicht nur die Kunden, sondern auch die eigene Person verdient. Denn:

**Nur wer gut mit sich selbst umgeht,
kann längerfristig auch andere zufriedenstellen.**

Vielleicht sind die Kunden heute wirklich schwieriger und fordernder geworden. Doch sie sind, wie sie sind, und ihr Verhalten kann nur bedingt beeinflusst werden. Darum ist eine gesunde Souveränität ein wichtiger Beitrag, um allzu viele Reibungsflächen zu vermeiden. Nur wer der eigenen Aufgabe gewachsen ist, kann diese locker, gelassen und mit Freude bewältigen.

Viel Spaß beim Lesen und bei der Umsetzung!

1. Ein Job im Kundenkontakt? – Haben Sie sich das gut überlegt?

Besonderheiten von Dienstleistungsberufen

Sie haben sich dazu entschlossen, Ihr Geld in einem Beruf mit direktem oder telefonischem Kundenkontakt zu verdienen. Herzlichen Glückwunsch! Sie werden vielfältige Begegnungen erleben, einen abwechslungsreichen Alltag haben und immer wieder neue Menschen kennenlernen.

Wenn Sie Ihren Job gut machen, erhalten Sie oft und schnell Bestätigung und Anerkennung. Viele Kunden zeigen Ihnen ihre Dankbarkeit.

Zudem verbringen Sie Ihr Arbeitsleben mit etwas Sinnvollem: Ein Kunde hat einen Wunsch, ein Klient ein Problem, ein Kranker braucht Pflege – als Dienstleister sind *Sie* die Person, die da helfen kann.

Nach ein paar Jahren haben Sie eine gute Menschenkenntnis erworben und sind in Kommunikation besser trainiert als die meisten anderen.

Die Arbeit im Kundenkontakt kann glücklich machen. Sie haben die Chance, sich einen ausgezeichneten Ruf zu erarbeiten, und zwar unabhängig von Ihrer Herkunft, Ihrem Geschlecht oder Ihrem Alter.

Es gibt aber ein paar typische **Rahmenbedingungen** von Dienstleistungsberufen, über die Sie sich vielleicht gelegentlich ärgern oder unter denen Sie möglicherweise leiden. Rechtzeitig erkannt und akzeptiert, werden diese weniger zur Last.

Dienstleistung ist vergänglich und muss immer wieder neu erschaffen werden

Millionen von Menschen verdienen heute ihr Geld damit, einen »Dienst« für andere zu leisten. Dieser Service kann, wie bei allen Verkaufsberufen, mit einem Produkt verbunden sein. Oder die Dienstleistung steht unabhängig von einem Produkt für sich allein, wie Beratung, Reiseleitung, Aus- und Weiterbildung oder Pflege.

Dienstleister können sich nie auf ihren Lorbeeren ausruhen, sondern müssen täglich von Neuem beweisen, dass sie ihren guten Ruf verdient haben.

Diese Tatsache fällt übrigens ganz besonders bei erfolgreichen Musikstars oder Bühnenschauspielern auf: Auch beim 100. Auftritt gelingt es ihnen, dem Publikum den Eindruck eines einmaligen Erlebnisses zu vermitteln.

Doch so geht es allen Dienstleistern: Auch wenn Sie gestern noch so freundlich und kompetent waren: Heute ist ein neuer Tag! Und bereits beim nächsten Kunden sollte die Leistung aufs Neue in gleicher Qualität aufgebracht werden können.

Mir selbst wurde dies einmal recht deutlich vor Augen geführt:

> Während meiner Ausbildung arbeitete ich auch in der Küche eines Restaurants. Im Mittagsservice war ich für das Anrichten des Tagesgerichtes zuständig. Auf seinem Kontrollgang fragte mich der Küchenchef: »Der wievielte Teller ist es, den Sie hier schöpfen?« Ich antwortete: »Ungefähr der 50.« Darauf sagte

er: »Ja, man sieht's!« Dann erklärte er mir: »Wissen Sie, für Sie ist das heute einer unter vielleicht 100 Tellern, den Sie anrichten. Für den Gast ist es SEIN einziges Essen, das er heute vor sich hat.«

Der Kontakt zwischen Kunde und Mitarbeiter ist ein Rollenspiel

Die Beziehung zwischen Kunden und Dienstleistenden ist eine ganz besondere. Beide Seiten spielen eine Rolle, aus der heraus sie handeln und sprechen. Ob Verkäufer, Ärztin, Skilehrer oder Servicemitarbeiter – der eine erhält Geld dafür, dass er für den anderen etwas tut und diesem den Eindruck vermittelt, besonders wichtig zu sein. Der andere bezahlt dafür, dass für ihn etwas geleistet wird. So verhalten sich beide Seiten meist unbewusst nicht ohne Weiteres »natürlich« zueinander. Die Person in der Dienstleisterrolle wird sich möglicherweise weniger erlauben dürfen, während die Person in der Kundenrolle sich wichtiger und bedeutender fühlen kann.

Dieses Rollenverhalten ist in unserem Alltag so selbstverständlich, dass es uns irritiert, wenn die eine oder die andere Seite aus dieser Rolle fällt oder aussteigt.

So war ich beispielsweise angenehm überrascht, als wir bei unserem Dorffest im Zelt des Männerturnvereins von unserem Hausarzt bedient wurden.
Eine andere Beobachtung machte ich bei der Volksabstimmung über die Einführung eines generellen Rauchverbots in öffentlichen Lokalen. Da erstaunte mich das Argument vieler Gegner, die äußerten, es könne ja wirklich nicht sein, dass in Restaurants DIE GÄSTE auf die Gesundheit DER MITARBEITER Rücksicht nehmen müssten! Da wurde wohl die Bedeutung der beruflichen Rolle überbewertet.

Gelegentlich kann es aber auch sein, dass Mitarbeiter zu starr in ihrer Berufsrolle verharren und nicht merken, wann es an der Zeit ist, einfach wieder als normaler Mensch zu reagieren. Dann wirken diese Rollen sogar hinderlich.

Dazu ein trauriges Beispiel:

> In einem Freizeitpark gilt die »eiserne Regel«, dass ein Außenstehender nie eine der lebendigen Comicfiguren ohne Maske sehen darf, damit die Illusion ständig erhalten bleibt.
> Vor einigen Jahren soll einmal ein Mitarbeiter in einem solchen Kostüm einen Schwächeanfall erlitten habe. Kostbare Momente verstrichen, in denen seine Kollegen ihn wie gelähmt umringten. Keiner hatte den Mut, ihn aus dem Kopf der Comicfigur zu befreien. Alle hatten die Unternehmensregel so stark verinnerlicht, dass sie unfähig waren, spontan zu handeln. Als es schließlich einer wagte, war der Kollege bereits verstorben.

Manchmal sind die Erwartungen an dieses Rollenverhalten auch unterschiedlich oder unklar:

> Muss die Mitarbeiterin, die im Zug nach Hause fährt, dem Stammkunden ihres Arbeitgebers Platz machen, wenn er keinen Sitzplatz ergattern konnte?
> Dürfen sich Mitarbeiter in der Freizeit von Kunden einladen lassen?

In Kundenbeziehungen herrscht ein Ungleichgewicht

In dem erwähnten Rollenspiel ist die eine Position meist machtvoller als die andere.

Wer sich »oben« und wer sich »unten« fühlt, hängt davon ab, wer mehr vom andern will oder wer mehr auf den andern angewiesen ist. Diese Verhaltensweisen trifft man auf Kunden- sowie auf Mitarbeiterseite an. Die Mitarbeiterin auf einem Amt oder der Türsteher im angesagtesten Klub der Stadt können genauso auf diese Strategie zurückgreifen wie der dominante Kunde, der weiß, dass ein Verkäufer unbedingt ein Geschäft abschließen will.

Es braucht aber immer zwei, damit sich ein Ungleichgewicht einstellt.

Gewisse Personen lassen es ihre Gesprächspartner sehr deutlich spüren, wenn sie in der überlegenen Position sind. Eine längerfristige Kundenbeziehung ist aber nur dann angenehm, wenn dieses Ungleichgewicht nicht allzu spürbar wird oder wenn die Positionen auch wechseln können. So sind sich viele Mitarbeitenden der Wichtigkeit der Kunden bewusst, andererseits sind aber auch die Kunden immer mal wieder auf außergewöhnliche Hilfe und Flexibilität der Mitarbeitenden angewiesen. Darum lohnt es sich auch für Kunden, ein ausgewogenes Verhältnis zu den Dienstleistern zu pflegen, um bei Bedarf auf sie zählen zu können.

Kunden haben häufig unausgesprochene und unrealistische Erwartungen

Wohl alle Unternehmen müssen und wollen immer besser werden und alle Kundenwünsche ernst nehmen. Gleichzeitig ist es aber auch eine Tatsache und man sollte damit leben können, dass es ein Ding der Unmöglichkeit ist, ALLE Kunden IMMER zufriedenstellen zu können.

Unterschiedliche Menschen haben ganz verschiedene Erwartungen. Diese Erwartungen sind meistens nicht klar formuliert. Manche Kundenwünsche sind zudem nicht realistisch und es gibt keinen Betrieb, der alle Kundenwünsche IMMER erfüllen kann.

In einem bekannten Stadthotel wollte ein arabischer Gast abends um 23.00 Uhr JETZT SOFORT beim Nachtportier zehn deutsche Kühe kaufen! Er hatte tagsüber einen Ausflug aufs Land gemacht und war völlig begeistert von den schön gefleckten Tieren. Der Nachtportier erwiderte freundlich, es sei AM NÄCHSTEN MORGEN sicher möglich und sein Kollege werde dem Gast beim Kauf bestimmt behilflich sein. Das war für diesen absolut unverständlich und er reagierte sehr heftig.
Doch der Mitarbeiter blieb standhaft, weil er auch gar nicht gewusst hätte, wie und wo er zu dieser späten Uhrzeit hätte zu Kühen kommen können. Der Gast hat seine Kühe bekommen. Für den Transport wurde für jedes Tier eine spezielle Holzkiste gebaut und die ganze Kaufabwicklung dauerte eine Woche. Ich hoffe, die Tiere sind in den fernen Landen glücklich geworden!

Viele Kunden bewegen sich überall unbewusst mit den gleichen Ansprüchen.

Kunden gehen mit der gleichen Erwartungshaltung an ganz unterschiedliche Betriebe heran – ohne ihre Haltung zu realisieren. So vergleichen sie die Preise eines Stadtlokals mit denjenigen eines vom Arbeitgeber subventionierten Mitarbeiterrestaurants oder sie erwarten auf dem Campingplatz oder in einer Klinik die gleiche Serviceleistung wie im ausländischen Luxushotel.

Die Qualität der Dienstleistung ist nur schwer objektiv messbar

Es kommt immer wieder vor, dass Kunden das gleiche Erlebnis vollkommen unterschiedlich bewerten, der eine ist vielleicht begeistert, die andere sehr enttäuscht. Da geht es darum, als Dienstleister kritisch zu hinterfragen, was man bieten will und kann und was man aus den einzelnen Rückmeldungen lernen will. Doch Dienstleistende sind subjektiven Kundenmeinungen extrem ausgesetzt.

- *»Die Mitarbeiterin war unfreundlich.«*
- *»Das Essen war schlecht gewürzt.«*
- *»Ihr Vorgänger war bedeutend besser.«*

Solche Äußerungen, vor allem wenn sie nachträglich und vielleicht sogar anonym in einem Internetportal geäußert werden, erschweren es zu reagieren oder daraus zu lernen. Für den Kunden jedoch sind seine subjektiven Wahrnehmungen Tatsachen.

Auf der anderen Seite ist es gerade bei vage gehaltenen Bemerkungen schwierig, etwas zu verbessern, da man nicht genau wissen kann, was genau gemeint ist. So gibt es auch Kunden, die noch lange den »guten« alten Zeiten nachtrauern, obwohl diese objektiv betrachtet gar nicht wirklich so gut waren.

> Ich kenne ein heute wunderschönes Hotel in bester Lage und unter sehr guter Führung, das in früheren Jahren extrem heruntergekommen war. Das Restaurant war eine verrauchte Kneipe und ein Großteil der Bevölkerung ging schon lange nicht mehr hin. Doch noch heute, Jahre später, hören die Mitarbeitenden, die alle nicht aus der Gegend stammen, immer wieder die vorwurfsvolle Aussage, das Haus sei halt schon nicht mehr wie früher!

Der persönliche Kontakt ist entscheidend

Beim persönlichen oder telefonischen Kundenkontakt geht es nicht allein um Produkte oder Projekte. Mindestens so wichtig ist der persönliche Kontakt an sich. Produkte sind häufig austauschbar. Der

Kunde[1] kann also auswählen, wo er kauft. Und das macht er eindeutig am liebsten bei freundlichen und kompetenten Menschen.

Sogar beim Kauf von Produktionsmaschinen wird eine Kaufentscheidung nicht, wie vielfach angenommen, völlig rational gesteuert. Auch da haben emotionale Bedingungen eine große Bedeutung.

Bei sehr kurzen Kundenkontakten sind Blickkontakt und Lächeln absolut entscheidend. Bei längeren, vielleicht sogar jahrelangen Geschäftsbeziehungen hat die Hilfsbereitschaft und das Verständnis für die Kundenprobleme eine zentrale Bedeutung. Wer beispielsweise einmal einem Kunden in einer Notlage geholfen hat, wird meistens mit jahrelanger Dankbarkeit belohnt.

Wenn die Autowerkstatt die Marke wechselt oder der IT-Betreuer auf Mac umstellt, werden viele Kunden den Wechsel mitmachen und den Personen treu bleiben. Arbeiten Friseure bei einem anderen Arbeitgeber oder ziehen Ärzte in eine andere Stadt, werden ihnen viele Kunden oder Patienten trotzdem erhalten bleiben.

Es gibt »vor« und »hinter« der Bühne

Der Aspekt des Rollenspiels wird zudem betont durch die Tatsache, dass in vielen Dienstleistungsberufen klar unterschieden wird, was vor und was hinter den Kulissen stattfindet und was erlaubt ist. Unerfahrenen Personen müssen diese Regeln aber zuerst mitgeteilt werden, weil sie vielen gar nicht so bewusst sind.

---

1 Aus Gründen der einfacheren Lesbarkeit wird meist nur die männliche Form verwendet, zum Beispiel »der Kunde« beziehungsweise »der Mitarbeiter«. Wir bitten alle Leserinnen dafür um Verständnis.

Auch wenn keine Kunden im Geschäft sind, werden sich die Mitarbeitenden nicht auf die Verkaufstresen setzen, Bier trinken und plaudern.
Auch wenn Gäste wissen, dass der Orangensaft aus Tetrapackungen kommt, wird er in einem Restaurant hinter den Kulissen in Karaffen umgefüllt.
Eine Tasse wird auf einem Unterteller serviert, auch wenn viele Gäste ihn heute zu Hause weglassen.

Der Zeitbedarf für die Kundenberatung kann unterschiedlich sein

In vielen Branchen ist der Beratungs- und dadurch Zeitbedarf der einzelnen Kunden unterschiedlich groß. So will vielleicht jemand beim Juwelier nur eine Uhrenbatterie wechseln, während sich ein anderer zwei Stunden lang Schmuck zeigen lässt. Beim Optiker will die eine Kundin eine neue Brille aussuchen, eine andere einen Sehtest machen und die dritte nur Kontaktlinsenflüssigkeit kaufen.

Wenn die Kunden ohne Termin einfach spontan vorbeikommen können, stellt das die Mitarbeitenden vor große Herausforderungen.

Guter Service wird mit der Zeit als selbstverständlich betrachtet

Eine Kundin ist beim ersten Besuch eines Geschäfts völlig begeistert von der Aufmerksamkeit, der Kompetenz und der Freundlichkeit aller Mitarbeiter. Dies erzählt sie überall weiter und wird zur Stammkundin. Was Kunden selbst aber meistens nicht realisieren, ist die Tatsache, dass sie ganz automatisch das außergewöhnlich tolle Verhalten als **NORMAL** betrachten und bei jedem Besuch die Messlatte entsprechend hoch ansetzen. Die gute Leistung wird jedes Mal als absolut selbstverständlich erwartet – und muss sogar noch übertroffen werden.

Kunden wollen immer das Gleiche – aber auch durch Neues überrascht werden

Für viele Kunden sollte eine gute erlebte Dienstleistung oder ein tolles Produkt permanent, immer und auf Ewigkeit erhältlich sein. Gleichzeitig wird aber, manchmal sogar von den gleichen Personen, darüber hinaus erwartet, dass das Angebot ständig weiterentwickelt und optimiert wird. Diese Haltung kann einen Betrieb an die Grenzen der Möglichkeiten oder Lagerräumlichkeiten führen. So müssen gewisse Kunden wohl oder übel enttäuscht werden.

> Frauen kennen das gut. Da ist man lange auf der Suche nach DEM Parfum, DEM Lippenstift oder DER Nagellackfarbe. Hat man diese endlich gefunden, muss man sich aber ein paar Monate später schon wieder damit abfinden, dass das Produkt nicht mehr im Sortiment ist, weil es Neuentwicklungen weichen musste!

Herausforderungen an die Mitarbeiter

Kunden sprechen mit einem Betrieb – und treffen auf einen Menschen

Dienstleister stehen häufig als Stellvertreter für die Firma oder andere Abteilungen im Kundenkontakt. Sie bekommen manchmal – oder sogar immer – »ihr Fett ab« für Dinge, die sie überhaupt nicht selbst verursacht haben. Der Kunde ist sich aber nicht immer bewusst, dass er nicht mit einem Betrieb, sondern mit einem Menschen aus Fleisch und Blut und mit Gefühlen spricht. Er will einfach eine Sorge oder ein Problem loswerden.

Ganz deutlich wird es heute bei jeder Art von telefonischer Auskunft bei einem Großunternehmen, weil der erste Teil des Gesprächs jeweils voll automatisiert ist:

»Für Deutsch wählen Sie bitte die Taste 1.«
»Für technische Fragen wählen Sie bitte die Taste 2.«
»Das Gespräch kann zu Schulungszwecken aufgezeichnet werden.«
»Im Moment sind alle unsere Mitarbeiter im Gespräch.«
»Ihre aktuelle Wartezeit beträgt ...«

Wenn der Kunde dann ENDLICH einen echten Menschen am Draht hat, wird dieser möglicherweise zuerst mit Ärger und Ungeduld konfrontiert.

Kundenkontakt ist nicht immer fair

Mitarbeiter im Kundenkontakt erhalten manchmal nicht die Resonanz für ihr Verhalten, die sie eigentlich verdient hätten:

Die Mitarbeiterin hat sich bei ihrer Vorgesetzten sehr dafür eingesetzt, dass ein Kunde einen Artikel auch über die Garantiezeit hinaus kostenlos eintauschen könnte. Leider hat sie aber eine abschlägige Antwort erhalten. Der Kunde rastet ihr gegenüber aus.
Ein Mitarbeiter ist verpflichtet, eine betriebliche Regelung durchzusetzen. Die Kundin verlangt nach dem Chef und erhält von diesem, was sie möchte. Sie kommentiert das Ganze noch hämisch mit: »Sehen Sie ... geht doch!« Der Mitarbeiter ist frustriert.

Ein Gast verspielt im Kasino viel Geld. Statt sich aber selbst an der Nase zu nehmen, beschimpft er die Mitarbeiter als Betrüger.

In solchen Momenten ist es verständlich, dass gelegentlich Ärger entsteht. Mitarbeiter fühlen sich dann ungerecht behandelt, wenn sie sich nicht rechtzeitig in Erinnerung rufen, dass solche Momente ab und zu zum Alltag gehören.

Konzentriert oder unfreundlich?

Mitarbeitende, die noch unsicher sind, müssen sich häufig sehr konzentrieren. So können sie eventuell schnell als unfreundlich empfunden werden. Dabei ist die Ursache des ernsten Gesichts ganz einfach mangelnde Routine.

Eine Eiskunstläuferin trainiert den Doppelaxel nicht jedes Mal mit einem strahlenden Lächeln. Darauf kann sie sich erst konzentrieren, wenn sie ihre Kür sehr gut beherrscht!

Mitarbeiter müssen betriebliche Regeln durchsetzen

Überall müssen Regeln und Vorschriften eingehalten werden, was das Leben der Dienstleister nicht angenehmer macht. Sie sind es nämlich, die den Kunden immer wieder NEIN sagen müssen, was häufig zu unerwünschten Reaktionen führt.

Erwachsene Menschen gehen mit Absagen häufig nicht besser um als Kinder, die im Supermarkt das gewünschte Eis nicht erhalten. Sie trotzen, toben und schimpfen und die Dienstleister müssen mit diesen Reaktionen umgehen können.

Kunden sind keine Freunde, sondern Geschäftspartner

In manchen Branchen ist die Trennlinie zwischen Kunde, Gast, Klient, Patient und dem Dienstleistenden ganz klar. In anderen Bereichen, zum Beispiel im Sport, verwischen die Grenzen zwischen Kunde und Freund. Da ist es für die Mitarbeiter manchmal gar nicht so einfach zu erkennen, was das jeweils passende Verhalten ist. Das richtige Verhalten hängt aber nicht nur von der aktuellen Situation und der Branche ab, sondern auch vom individuellen Wunsch des Kunden. Doch dem kann nicht immer nachgekommen werden.

> Es gibt Branchen und Bereiche, in denen ausdrücklich von der Unternehmung gewünscht wird, dass sich die Mitarbeitenden mit den Kunden nicht duzen. Bietet ein Kunden den Angestellten das DU an, sind diese verpflichtet, das Angebot mit einer plausiblen Erklärung abzulehnen.

In bestimmten Berufen müssen Dienstleister mit einer gewissen Autorität auftreten. Im Mannschaftssport wird vom Trainer erwartet, dass er das Team, auch entgegen einer momentanen Motivationstieflage, zu den einmal festgelegten Zielen führt.

Im individuellen Verhältnis einer Personal-Trainerin oder eines Musiklehrers sieht das anders aus. Da ist die Frage, wie viel Verständnis und wie viel Autorität im aktuellen Moment passend ist: Soll man heute dem aktuellen Bedürfnis des Kunden nachgeben und eher eine Stunde mit ihm plaudern, oder soll man ihn oder sie an die gemeinsame Aufgabe erinnern?

Ein bisschen Klagen gehört dazu

Manchmal beklagen sich die Kunden über die strenge Trainerin oder den Lehrer … doch eigentlich wollen sie gar nicht, dass er oder sie das Verhalten ändert. In diesen Bereichen gehört ein bisschen Strenge zur Berufsrolle. Auch dass sich die Kunden etwas darüber beklagen, gehört dazu und ist häufig nicht wirklich ernst gemeint.

Dienstleister haben planbare und nicht planbare Aufgaben

Es gibt nur wenige Jobs die ausschließlich aus Verfügbarkeit für die Kunden bestehen, beispielsweise eine Hotline oder der Informationsschalter in einem Einkaufszentrum. Die meisten anderen Positionen enthalten neben dem reinen Kundendienst auch noch andere Aufgaben wie Administration, Reinigung oder Lagerbewirtschaftung.

Daraus ergibt sich eine Reihe von Fallstricken

- **Frustration, wenn die geplanten Aufgaben nicht alle erledigt werden können**
  Manchmal nimmt man sich für einen Tag ganz bestimmte Aufgaben vor. Dann geht man abends nach Hause und sagt sich vielleicht: Heute bin ich wieder ZU NICHTS gekommen, ich wurde permanent von Kunden GESTÖRT! Wenn im Kundenkontakt ein Umsatz generiert wurde, ist dies vermutlich leichter vor sich selbst und anderen zu rechtfertigen. Ist dies jedoch nicht der Fall, geht es darum, sich selbst in Erinnerung zu rufen, dass genau diese Störung ein zentraler Aspekt des eigenen Jobs ist.

- **Mangelnde Produktivität durch die ständigen Unterbrechungen**
  Wer bei einer Arbeit immer wieder unterbrochen wird, braucht für diese Aufgabe ein Vielfaches der Zeit, als wenn er diese in einem Stück bearbeiten könnte. *Eine Stunde am Stück wird zu einem Mehrfachen, wenn man immer wieder von Neuem anfangen muss.* Durch die permanenten Unterbrechungen muss man sich immer wieder einarbeiten und ist dadurch bedeutend weniger produktiv.

- **Beschränkte Einflussmöglichkeit auf die eigene Zeitgestaltung**
  Vorgesetzte setzen ihren Mitarbeitern planbare Ziele und fixieren dafür Termine. Doch Führungskräfte sind meist weniger in den direkten Kundenkontakt eingebunden, haben also pro Tag wesentlich mehr frei verfügbare Zeit. Dadurch gehen sie oft von anderen Voraussetzungen aus und nehmen die eigenen zeitlichen Möglichkeiten als Grundlage für die Zeitplanung der Mitarbeiter. In solchen Momenten realisieren sie möglicherweise nicht, dass ihre Mitarbeiter vielleicht nur eine halbe Stunde pro Tag für andere Aufgaben nutzen können.

Standardisierung und ihre Grenzen

Zwischenmenschliche Kontakte können nur beschränkt standardisiert werden. Sobald der Kunde realisiert, dass es sich nicht um spontane Herzlichkeit, sondern um eine antrainierte Verhaltensweise handelt, verpufft die Wirkung.

> Kürzlich fuhr ich ziemlich bepackt mit dem Zug in ein nahe am Bahnhof gelegenes Tophotel. Beim Aussteigen sprachen mich zwei asiatisch aussehende Damen etwas schüchtern und in gebrochenem Deutsch an. Sie sagten, ich wolle doch bestimmt ins Hotel und ob sie mir helfen und den Weg zeigen dürften! Unterwegs plauderten wir etwas. Sie erzählten mir, sie seien Zimmermädchen. Beim Hotel angekommen, begleiteten sie mich fröhlich zum Hauptportal und verschwanden danach im Personaleingang. Ich war vollkommen verblüfft und total begeistert!
> Sofort wollte ich meine Freude jemandem mitteilen und erzählte das tolle Erlebnis der Dame am Empfang. Ihre trockene Reaktion: »Ja, die müssen das, die sind so geschult«, holte mich sehr schnell wieder auf den Boden der Realität zurück!

Es gibt klare Vorgaben und unklare Regelungen

In der Dienstleistung zeigt sich immer wieder folgendes Dilemma: In gewissen Betrieben oder Bereichen mit klar standardisierten Abläufen ist jedes Detail klar geregelt und die Mitarbeitenden haben kaum Handlungsspielraum. Kunden werden bei McDonald's kaum einen Hotdog oder ein gutes Glas Wein bestellen oder versuchen, den Preis herunterzuhandeln. In diesem Fall sind die Möglichkeiten der Mitarbeiter eindeutig, beiden Seiten bekannt und von den Kunden akzeptiert.

In anderen Betrieben haben die Kunden Erwartungen an die Flexibilität der Mitarbeiter, die diese gar nicht erfüllen können und dürfen.

> In den Hotels einer internationalen Hotelgruppe sind weltweit die gleichen neun Teesorten im Angebot. Öfter beschweren sich Gäste und möchten etwas eigentlich völlig Einfaches, beispielsweise einen Eisenkrauttee, den es in jedem Supermarkt zu kaufen gäbe. Diesen selbstständig zu kaufen und anzubieten ist aber den lokalen Führungskräften ganz ausdrücklich NICHT erlaubt.

Es gibt klare betriebliche Regelungen, die der Kunde gar nicht kennt, die aber als Qualitätsmerkmal eindeutig wahrgenommen werden.

> Skilehrer haben vielerorts klare Vorschriften. So tragen sie immer Sonnenbrillen und Handschuhe, fahren nur mit geschlossener Jacke und rauchen nicht während der Fahrt. Die Regelungen, was den Kontakt beim Après-Ski mit den Gästen betrifft, sind vermutlich weniger klar. Und trotzdem wird erwartet, dass das Verhalten »passend« ist.

Andererseits gibt es unklare Regelungen oder solche, die von unterschiedlichen Mitarbeitenden auch unterschiedlich gehandhabt werden. Und auch das hat seine Tücken. Manchmal ist es da auch ganz schwierig zu entscheiden, wo man flexibel sein kann und will und wo nicht.

> Muss eine Flasche Wein für 120 Euro geöffnet werden, wenn ein Gast darauf besteht, auch wenn er von diesem Wein nur zwei Gläser trinken und bezahlen will?

Für Dienstleister ist es immer eine Gratwanderung zwischen möglicher und gewünschter Flexibilität und einer klaren Linie.

> Wenn wir im letzten Moment noch versuchen, den bereits geschlossenen Bus zu erreichen, erwarten wir, dass der Busfahrer eine kleine Verspätung in Kauf nimmt und nochmals anhält. Wenn wir bereits im Bus sitzen und zeitlich knapp am Ziel ankommen werden, erwarten wir, dass der Busfahrer den Zeitplan einhält und gefälligst losfährt!
> Wer etwas sportlich und viel unterwegs ist, kennt das Problem, dass er gerne in einer fremden Stadt in einem Fitnesscenter ein wenig trainieren würde, aber an vielen Orten nur zugelassen wird, wenn er einen teuren und zeitintensiven Gesundheitstest absolviert. Ohne Test kein Training – auch wenn der Besucher eindeutig nach Sportler aussieht und nur ein bisschen rudern oder Rad fahren möchte.

Gewisse Dienstleister werden nur für Leistung, andere für reine Anwesenheit bezahlt

Es gibt Dienstleister, wie zum Beispiel Reinigungsmitarbeiter, die für eine klar definierte, kontinuierliche Produktivität bezahlt sind. Und es gibt andere, deren Arbeit größeren Schwankungen unterliegen. Außerdem gibt es Personen, die manchmal sogar für reine Präsenz bezahlt werden (zum Beispiel Informationsschalter im Warenhaus in verkaufsschwachen Momenten).

Für viele ist es da manchmal gar nicht so einfach, auch dann zufrieden nach Hause zu gehen, wenn sie »so gar nichts geleistet haben«.

Muss der Feuerwehr- oder Ambulanzmitarbeiter ein schlechtes Gewissen haben, wenn er sein Gehalt erhält, obwohl kein Brand ausgebrochen oder kein Unfall passiert ist?

Andere haben damit gar kein Problem und sind eher froh darüber, in der Arbeitszeit Zeitschriften lesen oder plaudern zu können. Da besteht die Gefahr, dass diese Personen mit der Zeit in einen »Standby«-Modus geraten und Mühe haben, sich wieder aufzurappeln, wenn sich doch einmal ein Kunde zu ihnen verirrt.

Wenn beide Phänomene im gleichen Betrieb anzutreffen sind, führt das zu Unverständnis und Missgunst zwischen den Abteilungen.

Kunden stellen immer wieder die gleichen Fragen, was Mitarbeiter viel Energie kostet

Dienstleister werden dafür bezahlt, immer wieder die gleichen Fragen, die gleiche Kritik oder die gleichen Späße hören zu müssen. Das kann manchmal ganz schön nerven.

Doch Achtung: Es handelt sich immer wieder um einen anderen Kunden, der diese Aussage höchstwahrscheinlich zum ersten Mal macht! Aus genau diesem Grund ist eine patzige Antwort unpassend.

Kürzlich brauchte ich für ein Kleid einen neuen Reißverschluss. Ich ging also in unser Kaufhaus und stand da, wo früher die Abteilung der Nähutensilien war.
Nun waren dort aber Taschen und Koffer! Ich sprach die Dame an der Kasse (mit dem zugegebenermaßen nicht sehr intelligenten Satz) an: »Ist hier nicht mehr die Nähabteilung?« Da brach es aus ihr heraus: »Das glaube ich jetzt einfach nicht. Die ist schon SEIT SIEBEN JAHREN im vierten Stock! Aber jede Woche kommt jemand und stellt die gleiche Frage!« Tja … ich habe eben lange keinen Reißverschluss mehr gebraucht!

Die *immer gleichen* Fragen kommen von *immer anderen* Menschen!

Von Dienstleistern wird absolute Ausgeglichenheit erwartet

Das Verhalten von Dienstleistern wird jeden Tag von Neuem beurteilt. Das heißt, dass man sich keine schlechten Tage, keine schlechte Laune erlauben darf. Viele Kunden – und auch einige Chefs – sind sich gar nicht bewusst, wie viel Kraft das manchmal kosten kann! Kein Mensch ist wirklich immer super drauf. In jedem Leben gibt es Höhen und Tiefen. Da kann es schwierig sein, in solchen Momenten immer noch freundlich zu bleiben. Darum ist es so wichtig, dass man sich im Kollegenkreis gut versteht, sich gegenseitig unterstützen und auch vertreten kann (»Sollte Herr X kommen, könntest du ihn wohl übernehmen, ich habe heute nicht genügend Energie.«)

Heute schlechte Laune – bitte kommen Sie morgen wieder!

Jede Kette ist so stark wie ihr schwächstes Glied – jeder Betrieb so stark wie der schwächste Mitarbeiter

Kunden machen sich ein Gesamtbild vom Betrieb. Wenn sich also eine einzige Mitarbeiterin unprofessionell oder unfreundlich verhält, schadet sie dem Betrieb.

Eine einmalige Entgleisung oder Fehlleistung kann jahrelange Konsequenzen haben. Es gibt Kunden, die betreten ein Geschäft für ihr ganzes Leben nicht mehr, auch wenn die Person, mit der sie es zu tun hatten, schon lange nicht mehr da arbeitet.

Problematisch ist auch eine weitverbreitete Haltung, die einer absolut guten Absicht entspringt: Wenn eine einzige Person im Team mit den Kunden großzügiger ist als die anderen Mitarbeitenden, ist dies für die Zusammenarbeit längerfristig schwierig und führt zu unangenehmen Situationen mit Kunden, die unweigerlich davon profitieren und die Mitarbeitenden gegeneinander ausspielen.

Kundenverhalten ist manchmal unverständlich

Für Mitarbeitende in der Dienstleistung ist es bedeutend einfacher, mit Menschen umzugehen, deren Verhalten sie in irgendeiner Weise nachvollziehen können. Doch es gibt Personen, deren Benehmen beim besten Willen nicht verstanden werden kann. Vielleicht verstehen sich diese Kunden ja selbst nicht? Möglicherweise sind es gesundheitliche oder psychologische Gründe.

> Was entgegnet die Mitarbeiterin der Gemeindeverwaltung dem aufgebrachten Bürger, der sich über die inakzeptable Lärmbelästigung des Schneepflugs morgens um vier Uhr beklagt?

Manchmal ist es auch ein eigentlich bedeutungsloses Verhalten von Kunden, das bei den Mitarbeitern Kopfschütteln auslösen kann. Zwei klassische Fragezeichen sind beispielsweise die folgenden:

> Warum gibt es Kunden, die lange in einer Warteschlange warten – und wenn sie endlich dran sind, immer noch nicht wissen, was sie wollen?
> Warum setzen sich Gäste im Restaurant immer an bereits benutzte Tische?
> Warum parken Kunden ihr Auto bei drei freien Parkplätzen immer in der Mitte?

All diese Punkte sind für Dienstleistungsberufe typisch. Sobald man sich dieser Dinge als Mitarbeiter bewusst wird, kann man auch lernen, sie als zum Beruf gehörend zu akzeptieren und sich nicht regelmäßig und immer wieder von Neuem darüber aufzuregen.

Mithilfe der nachfolgenden Checkliste kann die eigene Einstellung und Organisation überprüft und wo nötig angepasst werden.

Persönliche Überlegungen

- Welche Themen treffen für meine eigene Arbeitsstelle ganz besonders zu?
- Mit welchen beschriebenen Aspekten bin ich nicht einverstanden oder welche erlebe ich anders?
- Über welchen dieser Punkte habe ich mich schon geärgert oder darunter gelitten?
- Was habe ich bis jetzt für nicht »normal« gehalten und was hat mich immer wieder daran gestört?
- Welcher Aspekt ist in unserem Betrieb nicht ganz klar geregelt?

- Wissen alle Mitarbeiter, wo genau betriebliche Regeln durchgesetzt werden müssen und wo Flexibilität gefordert ist?
- Welche Punkte werden von verschiedenen Teammitgliedern unterschiedlich gehandhabt?
- Habe ich schon Situationen erlebt, in denen ich nicht sicher war, welches Verhalten in meiner Berufsrolle das passende gewesen wäre?
- Pflege ich Kundenkontakte, die über das rein Berufliche hinausgehen? Wie gehe ich damit um?
- Gibt es Kunden, die unseren Kontakt anders deuten als ich selbst?
- In welchen Situationen mit Kunden fällt mir ein Ungleichgewicht ganz besonders auf, das heißt, dass die eine oder andere Seite eine Machtposition ausnutzt?
- In welchem Fall bin ich mit dem Verhalten meiner Kollegen oder Vorgesetzten nicht einverstanden?
- Werde ich hauptsächlich für Leistung oder für Präsenz bezahlt? Wie gehe ich damit um? Wie ist das bei meinen Arbeitskollegen?
- Wie sieht bei uns das Verhältnis zwischen planbaren Aufgaben und Dienstleistungsfunktion aus?
- Ist der Beratungsaufwand für verschiedene Kunden bei uns sehr unterschiedlich?
- Gibt es immer wiederkehrende Kundenfragen, die mich ganz besonders viel Energie kosten? Was kann ich dagegen tun?
- Wie ausgeglichen bin ich im Kundenkontakt?
- Wo erkenne ich bei mir selbst Schwachstellen? Was will ich verändern?
- Welche organisatorischen Verbesserungen wären sinnvoll? Was will ich tun?

2. Dienstleister sein – das kann nicht jeder

Dienstleistung ist eine schöne, aber nicht einfache Aufgabe! Wer nie in einer solchen Funktion gearbeitet hat, neigt dazu, sie zu unterschätzen. Gewisse wichtige Eigenschaften bringen besonders gute Dienstleister meistens schon mit, andere können später erlernt werden.

Es gibt Menschen mit ausgezeichneten Voraussetzungen für eine erfolgreiche Laufbahn in Dienstleistungsberufen. Diesen Personen fällt nicht alles in den Schoß, doch sind sie bei Kunden eindeutig am beliebtesten und haben es dadurch am einfachsten. Machen Sie den nachfolgenden Selbsttest.

Test: Bin ich schon zum Dienstleister geboren?

Situation 1: Sie sind am Samstagvormittag im Supermarkt beim Einkaufen. Zwischen den Regalen stehen zwei Personen und schwatzen und behindern dadurch Ihr Durchkommen. Wie reagieren Sie spontan?

1. Sie fahren unbeirrt mit Ihrem Einkaufswagen weiter, sodass die beiden ausweichen müssen. Schließlich sollen die sich einen besseren Ort zum Reden suchen!
2. Sie weichen aus und sagen sich innerlich verärgert: Gewisse Leute haben wirklich keine Augen im Kopf.
3. Sie rufen den anderen Personen fröhlich zu: »Wenn wir alle den Bauch einziehen, kommen wir sicher aneinander vorbei!«
4. Oder Sie weichen stillschweigend aus und sagen sich: »Kein Problem, die waren so in ihr Gespräch vertieft, dass sie gar nicht merkten, dass sie im Wege standen.«

Situation 2: Ein Kunde stellt Ihnen eine für Sie extrem dumme Frage. Wie reagieren Sie?

1. Sie sagen: »Das ist jetzt nicht Ihr Ernst, oder?«
2. Sie denken: Wie kann man nur so blöd sein?!«, und sagen nichts.
3. Sie sagen fröhlich und ohne Ironie: »Das erkläre ich Ihnen gerne.«
4. Sie beantworten die Frage ruhig und sachlich und sagen sich: »Das scheint für Kunden nicht klar zu sein.«

Wenn Sie zu Hause über Erlebnisse mit Kunden erzählen, wie beginnen Ihre Schilderungen in der Regel?

1. »Heute musste ich mich wieder gewaltig gegen einen blöden Kunden wehren.«
2. »Heute hatte ich wieder nur Trottel im Geschäft.«
3. »Heute hatte ich ein tolles Gespräch mit einem Kunden.«
4. »Heute habe ich etwas Schönes erlebt.«

Wie stellen Sie sich Ihre ideale »einsame« Insel vor?

1. Endlich nur Ruhe und absolut KEINER, der mich nervt oder stört.
2. Meine engste Familie würde ich mitnehmen, auf den Rest verzichte ich problemlos.
3. Andere Menschen dürften schon dabei sein – nur keiner, der nervt.
4. »Einsame« Insel – nicht mit mir!

Auswertung

Wenn Sie mehrheitlich die Antworten 3 und 4 ausgewählt haben, sind Sie vermutlich grundsätzlich eine Idealbesetzung im Kundenkontakt. Mit dem notwendigen Fachwissen, Training und Erfahrung sind Sie in Ihrem Bereich sicher erfolgreich.

Personen, die sich mit der ersten oder zweiten Antwort identifizieren, haben es schwieriger und brauchen mehr, um zu einem Dienstleistungsstar zu werden.

Charaktereigenschaften erfolgreicher Dienstleister

Es gibt Personen, die bringen die optimalen Voraussetzungen für eine Arbeit mit Kunden bereits mit. Sie haben bewusst einen Beruf mit Menschen gewählt und werden immer und überall einen guten Zugang zu anderen haben und im Kontakt mit ihnen erfolgreich sein.

Einige typische Faktoren haben Menschen aus dieser Gruppe gemeinsam:

Sie sind Menschenfreunde und engagieren sich gerne für andere

Die vier M – *M*an *m*uss *M*enschen *m*ögen.

Im Kundenkontakt geht es immer um Menschen. So sehr man auch eine Rolle spielt, im Endeffekt geht es darum, anderen zuliebe etwas zu tun, ihnen einen Dienst zu erweisen. Wem dies nichts bedeutet, der wird in seiner Aufgabe unecht sein. So kann auch nicht ehrlich erscheinen, wer sich stark für Kunden, aber überhaupt nicht für die Mitarbeitenden und Kollegen interessiert.

Es sind die Menschen mit einem Helfersyndrom, die die Welt besser machen.

> »Wenn Sie so früh aufstehen müssen, möchten Sie bestimmt schon einen starken Kaffee«, sagte der Nachtportier, der mich morgens um vier wecken musste.

Sie verfügen über eine vertrauensvolle Grundhaltung

> Am Londoner Piccadilly Circus wollte ich einmal von einem Straßenverkäufer eine Zeitung kaufen, als ich merkte, dass ich mein Portemonnaie im Hotelzimmer vergessen hatte. »Kein Problem, Dear«, sagte der Verkäufer, »Sie zahlen einfach, wenn Sie das nächste Mal vorbeikommen«, und gab mir die Zeitung.

Eine solche Grundhaltung ist ein Geschenk oder das Resultat einer intensiven persönlichen Entwicklung – und auf jeden Fall ein wichtiger Grundstein für Zufriedenheit und Erfolg als Dienstleister.

Auch in Film und Literatur gibt es solche Beispiele:

> Der kleine Lord – ein großes Vorbild! Jahr für Jahr wird sie ausgestrahlt – die rührende Geschichte des kleinen Lord Fauntleroy, der das Herz seines mürrischen und verbitterten Großvaters gewinnt und dadurch das Los aller Bürger der Grafschaft nachhaltig verbessert. Dabei gelingt ihm dies aufgrund seiner arglosen Grundeinstellung und seines gewinnenden Wesens. Schon bei der ersten Begegnung wird die große Dogge des Großvaters durch sein furchtloses Verhalten sofort absolut zutraulich. Seinem verbitterten Großvater begegnet der kleine Cedric mit dem positiven Vorurteil, dieser könne ja nur ein guter Mensch sein. Diesem Einfluss kann sich dieser nicht entziehen und verändert sich in eine positive Richtung.

Sie sehen mehr das Positive als das Negative

Täglich begegnen uns Hunderte von Eindrücken und wir wählen unbewusst, auf welche wir unser Augenmerk richten wollen. Menschen mit einer positiven Grundhaltung sehen vor allem Schönes,

Chancen und Möglichkeiten. Sie lassen sich nicht so schnell entmutigen und richten sich nach Rückschlägen auch schneller wieder auf.

> *»Wir sehen nicht die Welt, wie sie ist.*
> *Wir sehen die Welt, wie wir sind.«*
>
> *Anaïs Nin*

Sie sind optimistisch und initiativ

Die »Sonnenkinder« schauen zuversichtlich in die Zukunft. Wenn sie wegen irgendeiner Sache unzufrieden sind, beklagen sie sich nicht lange, sondern versuchen nach Kräften, ihre Lage zu verbessern. Sie fühlen sich nicht als Opfer und geben nicht schnell auf. Gelegentliche Enttäuschungen stecken sie zwar nicht einfach locker weg, doch werden sie die generell positive Grundstimmung nur kurzfristig überschatten.

Sie sind einfühlsam

Einfühlungsvermögen ist das A und O erfolgreicher Dienstleister. Dabei geht es nicht nur um zwischenmenschliche Aspekte. Einfühlungsvermögen ist genauso wichtig, wenn es darum geht Straßenschilder zu platzieren, wie Bürogebäude sinnvoll zu beschriften. Es geht letzten Endes um die Fähigkeit, sich in andere Menschen hineinzuversetzen und sich zu fragen, welche Wünsche und Probleme unsere Kunden eventuell haben und wie wir ihnen behilflich sein können.

Im Kundenkontakt beginnt dies häufig mit Kleinigkeiten wie einen Stuhl anzubieten, wenn Kunden etwas ausfüllen müssen, oder vor einem unangenehmen Gespräch ein Glas Wasser zu reichen.

> »Ich habe gesehen, dass Sie von Ihren Wanderungen Pflänzchen im Zimmer stehen haben. Ich habe Ihnen noch ein paar schöne Exemplare aus meinem Garten mitgebracht«, sagte die Zimmerfrau auf der Blumeninsel.

Sie denken mit und übernehmen Initiative

In den wenigsten Betrieben sind alle Abläufe und Prozesse bis ins Detail geregelt. Praktisch überall braucht es Mitarbeitende, die, wo nötig, Eigeninitiative zeigen. Es sind auch die Mitarbeiter im direkten Kundenkontakt, die organisatorische Schwachstellen oder Kundenbedürfnisse hautnah mitbekommen und Änderungen initiieren können. Da braucht es manchmal Mut und Durchhaltevermögen.

> Bei einer städtischen Verwaltung war es für die Kunden ein großes Ärgernis, dass sie größere Beträge immer noch ausschließlich mit Bargeld bezahlen konnten. Die Mitarbeiter am Schalter haben sich stark dafür eingesetzt, einen Kreditkar-

tenterminal zu erhalten, um dieses Problem zu beseitigen. Dies haben sie nach mehreren Jahren Hartnäckigkeit auch erreicht!
(Allerdings wurden diese Geräte nicht etwa im Erdgeschoss, sondern im siebten Stock des Gebäudes installiert. So müssen die Kunden heute mit dem ohnehin schon stark frequentierten einzigen Lift in die Höhe fahre, was die Situation nicht wirklich entlastet!)

Sie sind lernbereit, wollen sich permanent weiterentwickeln und suchen immer nach besseren Lösungen

»Wer aufhört, besser zu werden, hat aufgehört, gut zu sein.«

Philip Rosenthal

Für Dienstleistungsberufe gilt ganz besonders, dass man nie ausgelernt hat. Situationen ähneln sich zwar, sind aber selten völlig identisch, da man es immer wieder mit anderen Personen zu tun hat. So bleiben diese Berufe auch immer spannend für Menschen, die an sich arbeiten und sich selbst und das Angebot immer verbessern wollen.

Sie haben ein gesundes Selbstbewusstsein, sind weder unterwürfig noch eingebildet

Dienstleister sind in Ihren Gedanken zu einem großen Teil mit den Kunden und ihren Bedürfnissen beschäftigt. Da ist ganz besonders wichtig, parallel auch an der Entwicklung der eigenen Selbstsicherheit zu arbeiten. Nur wer es schafft, seinen Kunden wertschätzend aber auch auf gleicher Ebene zu begegnen, wird längerfristig glücklich und erfolgreich sein.

Einstellung zum Job und zu den Kunden

Es ist zu einem großen Teil die eigene Einstellung, die über Servicequalität, Kundenzufriedenheit und eigenes Glück entscheidet. Topdienstleister zeichnen sich durch die im Folgenden dargelegten Denkweisen aus.

Sie haben keine Vorurteile und sind NIE überheblich

Menschen können heute nicht mehr so schnell nach ihrem Äußern beurteilt werden wie in früheren Zeiten. Und das ist auch gut so. Wer mit einem tollen Auto vorfährt, dem ist dies vermutlich wichtig; ein Hinweis auf seine finanziellen Möglichkeiten ist das aber nur bedingt. Es gibt Leute, die das ganze Jahr für einen schönen Urlaub in einem Luxushotel sparen, während andere vielleicht alle paar Wochen wegfahren und in günstigeren Häusern logieren. Vorschnelle Einschätzungen können zu fatalen Konsequenzen führen. Jede Person, die auch nur ein einziges Mal in einem Geschäft oder Betrieb gespürt hat, dass man sie als zweitklassig eingeschätzt hat, wird voraussichtlich dieses Unternehmen für den Rest ihres Lebens meiden.

> »Ich glaube nicht, dass WIR haben, was SIE suchen«, sagte vor Jahren die Verkäuferin einer Nobelboutique an der Zürcher Bahnhofstraße zu mir. Ich habe das Geschäft (das unterdessen nicht mehr existiert) nie mehr betreten.
> »Sie sind sich aber bewusst, dass Sie für ein Konto ein festes Einkommen brauchen?«, sagte der Bankangestellte zu einem mir bekannten Psychologieprofessor.

Beispiele solcher Begegnungen kennen wir auch aus Filmen. Wer erinnert sich nicht an die Episode in *Pretty Woman,* als Vivian in einer Kleiderboutique schlecht behandelt wird, oder an *Drei Männer im*

Schnee, in dem ein schwerreicher Fabrikant für einen armen Schlucker gehalten wird?

Sie begegnen Ihren Kunden respektvoll, doch auf Augenhöhe

Es gibt Dienstleister, die sich ihren Kunden gegenüber so unterwürfig benehmen, dass es zu einem Nachteil für sie selbst und den Betrieb werden kann. Rücksichtslose Kunden werden dies ausnützen und immer frecher werden.

Menschen, die sich keinen Respekt verschaffen können, werden auch von anderen immer weniger respektiert. Die eigene Seele übersteht es auch nicht unbeschadet, wenn man sich über Jahre die innere Überzeugung antrainiert hat, andere Menschen seien mehr wert als man selbst. Gewissen Mitarbeitenden sieht man diesen Mangel an Selbstwertgefühl schon in der Körperhaltung an.

Denken Sie daran:

Dienstleister sind nicht weniger wert als ihre Kunden – sie spielen nur eine andere Rolle!

Sie halten Ihre Kunden nicht für blöd

Manche Kundenfrage wirkt vielleicht im ersten Moment dumm, ist es aber nicht.

»Was ist der Unterschied zwischen einem Dinkelbrötchen und einem Vollkornbrötchen?«

Der Kunde will vermutlich keine Antwort in Bezug auf das Mehl, sondern auf Konsistenz und Geschmack (zum Beispiel: luftiger).

»Sie haben doch ein Mitternachtsbuffet an Bord. Um welche Zeit findet das statt?«

Vielerorts wird eine Angebot, das spätabends offeriert wird, als »Mitternachts …« deklariert, auch wenn es bereits ab 22.00 Uhr gilt.

Kundin: »Sind diese beiden Paar Gummistiefel das gleiche Modell?«

Mitarbeiterin: »Das sieht man ja wohl, dass auf dem einen Paar Blumen drauf sind und auf dem anderen Schmetterlinge!«

Mitarbeiter: »Groß oder klein?«

Kunde: »Normal?«

(Meint eigentlich: »Sorry, aber ich kenne nur eine Größe und weiß nicht, ob diese für SIE groß oder klein ist.«)

Sie behandeln ALLE Kunden gut und machen keine großen Unterschiede

Berühmte Leute oder Personen in wichtigen gesellschaftlichen Stellungen werden überall freundlich behandelt. Doch vielerorts wird der Fehler gemacht, zu deutlich zwischen »guten« (das heißt umsatzstarken), »wichtigen« Kunden und den anderen zu unterscheiden. Doch wie soll ein neuer Kunde zu einem Stammkunden werden beziehungsweise ein »schlechter« Kunde zu einem »guten«, wenn er nicht gut behandelt wird?

Betrieb und Kunde haben miteinander eine Geschichte. Und Kunden sind in verschiedenen Rollen und haben im Leben verschiedene Bedürfnisse. So werden viele Kunden ihre nächste Uhr da kaufen, wo man sich nicht zu schade ist, für wenig Geld auch Batterien zu wechseln. Und wer als Kind in einem Geschäft gut behandelt wurde, wird diesem auch als Erwachsener die Treue halten. In vielen Hotels werden Seminargäste oder Gruppenreisende nicht individuell wahrgenommen. Dabei wäre es doch ein Einfaches, nun, da sie bereits im Hause sind, sie als Privatpersonen für das Haus zu gewinnen.

Das lernte ich von einem der erfolgreichsten Schweizer Hoteliers, der mir beim Anblick einer japanischen Reisegruppe, die natürlich nicht den gleichen Preis bezahlte wie der europäische Individualgast, sagte: »Wissen Sie, der einzelne Gast kann nichts dafür, wenn ich mich vor Monaten bei den Preisverhandlungen mit dem Reisebüro auf günstige Preise eingelassen haben. Er hat Anrecht auf den Topservice, den er in einem Betrieb unseres Ansehens erwarten darf.« Vermutlich ist das Hotel aufgrund dieser Haltung bis heute so erfolgreich.

Sie hüten sich vor unrealistischen Erwartungen an die Kunden

Habe ich unrealistische Erwartungen an die Kunden und werde ich darum immer wieder enttäuscht oder verärgert? Testen Sie sich selbst.

Kunden sollen …

… sich so benehmen wie ich selbst in meinen besten Momenten;

… Verständnis für mich und meine Lage haben;

… gewisse Betriebsabläufe nachvollziehen können, zum Beispiel verstehen, wo Flexibilität möglich ist und wo nicht;

… ein NEIN akzeptieren, wenn man ihnen den Grund erklärt hat;

… nachdenken, bevor sie reden oder fragen;

… eine Reklamation sachlich vorbringen und nicht persönlich werden;

… den Menschen, den sie vor sich haben, als solchen wahrnehmen und Respekt zeigen;

… außergewöhnliche Leistungen anerkennen und dankbar sein;

… ehrlich und direkt vor Ort sagen, wenn sie nicht zufrieden sind;

… einen eigenen Fehler zugeben und sich entschuldigen;

… sich immer so verhalten, dass ich es nachvollziehen kann.

Sie akzeptieren die Kunden so, wie sie sind

»Nehmen Sie die Menschen, wie sie sind, es gibt keine anderen.«

Konrad Adenauer

Kunden und Mitarbeitende kommen aus den unterschiedlichsten Familien, Bevölkerungsgruppen und Nationalitäten. Sie haben die verschiedensten Erziehungen genossen, Erfahrungen gemacht und Werte entwickelt. Das führt zu den unterschiedlichsten Verhaltensweisen und zwangsläufig auch zu Missverständnissen und gelegentlichen Konflikten.

Wer es schafft, anderen Menschen mit einer grundsätzlich konstruktiven Haltung zu begegnen und nicht vorschnell über jedes Verhalten zu urteilen, wird es nicht nur im Umgang mit Kunden bedeutend einfacher haben.

Unsere innere Haltung produziert das Verhalten unseres Gegenübers.

Für diese Personen wird es etwas schwieriger

Ich bin nicht so ein Dauerlächler

Ein sonniges Gemüt und eine grundsätzlich menschenorientierte Haltung bekommen die einen geschenkt, andere werden sich diese Qualitäten im Laufe des Lebens erarbeiten – und wieder andere lernen es nie! Und das professionelle Verhalten im Kundenkontakt kann und muss auch gelernt werden.

»Man muss ihn halt kennen«

Auf diese verständnisvolle Kundenhaltung können Sie vermutlich nur hoffen, wenn Sie vor allem Stammkunden haben und Ihr Betrieb absolut konkurrenzlos dasteht. Oder wenn Sie immer wieder Gelegenheit erhalten, Ihre anderen Qualitäten wie beispielsweise Zuverlässigkeit oder Fachkompetenz unter Beweis zu stellen.

Vielleicht haben sich schon Kunden über Sie und Ihr Verhalten beschwert. Vielleicht haben Sie dieses Buch geschenkt bekommen mit den Worten: »*Das ist genau das Richtige für dich!*« Möglicherweise sind Sie eher zufällig in die Dienstleistung gerutscht, haben einen Beruf, der halt neben Ihrem Fachgebiet auch noch Kundenkontakt beinhaltet. Oder Sie haben eher widerstrebend das Geschäft Ihrer Eltern übernommen. Vielleicht »müssen« Sie ja ... Sie brauchen das Geld und dieser Job war die beste oder einzige Gelegenheit, sich Ihren Lebensunterhalt zu verdienen.

Tatsache ist auf jeden Fall: Sie sind kein böser Mensch und Sie fühlen sich häufig nicht verstanden. Und Sie haben einen Beruf in der Dienstleistung. Auch wenn der Kundenkontakt für Sie eher ein notwendiges Übel als zentrale Triebfeder ist, lohnt es sich immer, sich in diesem Bereich zu entwickeln.

Da Sie den Job sowieso machen, können Sie auch TOP drin werden.

Es gibt keine besseren und weniger wertvolle Berufe, es gibt nur Menschen, die ihren Job mehr oder weniger gut machen.

> *»Im Leben geht es nicht darum, gute Karten zu haben, sondern auch darum, mit einem schlechteren Blatt gut zu spielen.«*
>
> *Robert Louis Stevenson*

Das Schöne an diesem Lernprozess ist, dass man von Anfang an positive Reaktionen erhält. Es gibt wohl keinen anderen Beruf, in dem man so schnell und so häufig gelobt wird wie in der Dienstleistung.

3. Professionelles Verhalten

Ärger programmiert – so lieber nicht!

Sie wollen mich als Kundin loswerden?
Mithilfe der folgenden Tipps schaffen Sie das locker

- Ignorieren Sie mich möglichst lange und schauen Sie konsequent auf keinen Fall in meine Richtung.
- Statt einer Begrüßung schauen Sie mich nur mit hochgezogenen Augenbrauen fragend an.
- Lächeln Sie nicht, sondern bemühen Sie sich um einen möglichst finsteren oder desinteressierten Gesichtsausdruck.
- Beschäftigen Sie sich mit etwas anderem, am besten mit Privatgesprächen oder Ihrem Handy.
- Essen Sie, kauen Sie Kaugummi oder trinken Sie vor mir aus Ihrer Red-Bull-Dose.
- Setzen Sie sich auf den Tresen, lehnen Sie sich möglichst an eine Wand, schließlich ist der Arbeitstag ja noch lang.
- Sprechen Sie mit Ihren Kollegen in einer Sprache, die ich nicht verstehe, oder tuscheln Sie miteinander.
- Auch wenn ich Ihren Namen schon längst weiß … Sie müssen sich den meinen nicht merken, schließlich haben Sie ja viele Kunden.

- Wenn ich etwas bei Ihnen bestellt habe und Sie den Artikel länger nicht bekommen, informieren Sie mich nicht. Irgendwann werde ich mich ja sowieso wieder melden.
- Wenn ich fünf Minuten Ihre Hilfe brauche, geben Sie mir einen Termin in drei Wochen.
- Erzählen Sie mir Internes aus Ihrem Betrieb oder Persönliches von Ihren Vorgesetzten und Kollegen.
- Lästern Sie über andere Kunden oder erzählen Sie mir den neuesten Klatsch über sie.
- Zeigen Sie, dass Sie andere Kunden besser kennen oder mögen als mich.
- Strahlen Sie aus, dass Sie mich nicht für eine Kundin halten, die sich die Produkte Ihres Betriebs leisten kann.
- Apropos Ausstrahlung: Ihre Kleidung, Erscheinung und Körperpflege ist nicht so wichtig – schließlich sind ja die Kunden sowieso bald wieder weg.
- Belehren Sie mich unaufgefordert – schließlich sind Sie in Ihrem Feld Profi und ich nicht.
- Geben Sie mir patzige Antworten.
- Gehen Sie demonstrativ langsam, schließlich sollten Sie sich ja nicht von jemandem wie mir stressen lassen.
- Überlassen Sie mich meinem Problem … Sie haben es ja nicht verursacht.
- Weisen Sie Ihre Kollegen oder Mitarbeiter vor mir zurecht.
- Reden Sie vor mir mit Ihrer Kollegin über mich (zum Beispiel »Die kam schon das letzte Mal zu spät.«)

»Alle Kunden sind gleich – mir jedenfalls.«

Ich garantiere Ihnen … dank dieser wenigen einfachen Vorschläge werden Sie mich – und vielleicht auch einige andere – nie mehr sehen.

Lieber so! Verhaltensrezepte für den Dienstleisteralltag

Blickkontakt

Der wichtigste Augenblick im direkten Kundenkontakt sind die ersten paar Sekunden.

Oft entscheidet sich bereits dann, ob ein Kontakt gelingen wird oder nicht. Zeigen Sie den Kunden auf jeden Fall, dass Sie sie gesehen haben. Menschen hassen das Gefühl, nicht beachtet zu werden, und haben dann schnell den Eindruck, nicht wichtig zu sein.

Kunden kurz anzuschauen ist besonders dann ausgesprochen wichtig, wenn man nicht unmittelbar Zeit für sie hat. In einer Warteschlange müssen nur die ersten zwei bis drei kurz angeschaut werden. An der Supermarktkasse wird dies allerdings nicht erwartet.

Lächeln

»Wer nicht lächeln kann, soll kein Geschäft eröffnen.«

Chinesisches Sprichwort

Wer nicht lächelt, wird kaum als freundlicher Mensch wahrgenommen. Wer von sich selbst weiß, dass er eher eine ernste Person ist, tut gut daran, großen Wert auf möglichst kundenorientierte höfliche Formulierungen zu legen.

Je kürzer ein Kundenkontakt ist, desto entscheidender für den Erfolg sind schneller Blickkontakt und Lächeln.

Kunde zuerst

Kunden sind es gewohnt, überall und immer Vorrang zu haben. Darum gilt es, private Gespräche zu vertagen. Betriebsinterne Gespräche werden unterbrochen oder unter Ankündigung zum Abschluss gebracht: *»Dürfen wir das noch ganz schnell beenden, ich bin danach gleich für Sie da.«*

Ungeteilte Aufmerksamkeit

Kunden erwarten, dass man sich ausschließlich um sie kümmert und sich nur auf sie konzentriert, wenn es auch nur für einen kurzen Moment ist.

Kundenwünsche kennen und sich merken

Kunden schätzen es enorm, wenn sich Dienstleister an ihre Gewohnheiten und Wünsche erinnern und ihnen beispielsweise ungefragt das gewünschte Produkt wieder anbieten. Das bestärkt sie in ihrem Eindruck, als Person wahrgenommen zu werden und wichtig zu sein.

Je nach Branche werden diese Wünsche systematisch mithilfe eines Computerprogramms festgehalten oder aber auch nur handschriftlich in einem Heft. Die Schriftlichkeit ist auf jeden Fall bei einem Personalwechsel wichtig, um die Qualität der Dienstleistung aufrechterhalten zu können.

Die Kunden immer wieder positiv überraschen

Nichts ist für Kunden schöner und wirkt zudem nachhaltiger, als wenn ein Mitarbeiter ein Bedürfnis oder einen Wunsch von sich aus erspürt hat und den Kunden damit zufriedenstellen kann. Nie fühlt sich ein Kunde wichtiger oder besser verstanden, als wenn solche unerwartete Dinge geschehen. Diese Handlungen entstehen meistens aus einem spontanen Moment heraus. Sie können nur beschränkt vorgeschrieben oder standardisiert werden.

Betriebe, die ihren Mitarbeitenden diesbezüglich gewisse Freiheiten lassen, haben erkannt, dass es sehr viel einfacher und günstiger ist, den bestehenden Kundenstamm zu pflegen, als alle Energie in die ständige Gewinnung neuer Kunden zu investieren.

Gepflegte Erscheinung

Es liegt auf der Hand, dass ein Automechaniker anders gekleidet ist als eine Zahnärztin, ein Bademeister anders als eine Lehrperson. Doch in welcher Branche auch immer – von Dienstleistenden wird ein gepflegtes Auftreten erwartet. Die Wahrnehmung von äußeren Aspekten wie Kleidung, Frisur, Händen, Schuhen oder Rasur laufen bei vielen Kunden völlig unbewusst ab, haben aber einen starken Einfluss auf das Vertrauen, das dem Mitarbeiter und dadurch der Firma entgegengebracht wird. Und auch in Berufen, in denen man zwangsläufig schmutzig wird, sieht oder riecht der Kunde, ob Mitarbeiter und Arbeitskleidung morgens sauber und frisch waren oder nicht.

Fachwissen, Professionalität

Kunden erwarten, dass ihr Gesprächspartner sie fachmännisch berät oder zumindest dafür sorgt, dass jemand anders die gewünschten Informationen innerhalb einer angemessenen Frist liefern kann. Dies bedingt, dass die Mitarbeitenden gut ausgebildet und geschult sind. Sie sollten sich aber auch immer mit einer gewissen Eigeninitiative für das eigene Arbeitsfeld und die Belange des Betriebs interessieren.

Zuhören können

Erfolgreiche Dienstleister hören ihren Kunden gut zu. Damit kann Folgendes erreicht werden:

- Der Kunde fühlt sich ernst genommen.
- Es entstehen weniger Missverständnisse.
- Man kann den Kunden immer besser kennenlernen.
- Trends werden rechtzeitig erkannt und der Betrieb kann darauf reagieren.
- Individuelle Wünsche können festgehalten und der Kunde zu einem späteren Zeitpunkt verblüfft werden.

Gerade bei Kundenwünschen, die die Mitarbeiter immer wieder hören, passiert es schnell, dass mit einer voreiligen, schnellen Antwort reagiert wird. Diese löst das Kundenproblem aber oft nicht.

Hotelgast: »Wir machen am Morgen unseres Abreisetages noch eine Radtour und kommen gegen Mittag zurück. Können wir vor der langen Heimreise noch kurz in unserem Zimmer duschen?«

Mitarbeiter: »Bedaure, Check-out-Zeit ist 12.00 Uhr – wir brauchen das Zimmer für die nächsten Gäste.«

Verständnis zeigen

»Ich kann Sie gut verstehen«, »Ich wäre Ihnen gerne behilflich«. Gerade gestresste oder verärgerte Kunden wollen oft nichts anderes als eine verständnisvolle Person, der sie ihr Leid oder ihren Ärger erzählen können. Haben sie dies tun können, sind sie schnell beruhigt, dankbar und zufrieden.

Spontane Hilfsbereitschaft

Kunden sind in erster Linie auch Menschen, die möglicherweise Hilfe oder Unterstützung benötigen oder sich zumindest darüber freuen. Gerade wenn die Hilfestellung den engen Rahmen der Dienstleistung übersteigt, werden die Kunden mit Dankbarkeit reagieren.

Kritik annehmen, selbstkritisch sein und als Chance nutzen, Fehler zuzugeben

Wo gearbeitet wird, können Fehler passieren. Nur wer bereit ist, die eigene Leistung auch immer wieder kritisch zu hinterfragen, wird sich längerfristig weiterentwickeln. Jede Beanstandung ist auch immer eine Einladung, über etwas nachzudenken, was einem vielleicht selbst gar nicht aufgefallen wäre.

> *»Feedback is the breakfast of champions.«*
>
> *Kenneth Blanchard*

Wenn wirklich ein Fehler passiert ist, zeugt es von innerer Größe, für den Fehler geradezustehen, sich zu entschuldigen und dafür zu sorgen, dass dies zukünftig nicht mehr vorkommt.

Sich, falls einmal nötig, auf anständige Weise Respekt verschaffen

Gelegentlich hat man mit Kunden zu tun, die sich im Ton vergreifen, ungerecht sind und wenig Kinderstube beweisen. Da sollen Dienstleister fähig sein, sich zu wehren, ohne aus der Rolle zu fallen. Manchmal muss in einem Kontakt einer »der Große sein«. Von Dienstleistern darf erwartet werden, dass sie es dem Kunden nicht mit gleicher Münze heimzahlen.

Persönliche Überlegungen: Wie gut bin ich schon?

- Blickkontakt
  - Nehme ich meine Kunden blitzschnell wahr?
  - Bei wie viel Prozent meiner Kunden gelingt mir das?
- Lächeln
  - Lächle ich blitzschnell und oft, oder habe ich eher einen ernsten Gesichtsausdruck?
- Kunde zuerst
  - Unterbreche ich meine Aufgaben, sobald ich einen Kunden habe? Führe ich keine Privatgespräche, sobald Kunden anwesend sind?
- Ungeteilte Aufmerksamkeit
  - Erhalten meine Kunden mehrheitlich den Eindruck, dass ich mich ganz auf sie konzentriere?
- Kundenwünsche erkennen und sich merken
  - Höre ich meinen Kunden wirklich zu?
  - Kann ich mich in meine Kunden hineinversetzen und mithilfe gezielter Fragen erkennen, was sie wünschen und brauchen?
  - Merke ich mir meine Kunden und ihre Wünsche?

- Behalte ich diese im Kopf und habe ich ein schriftliches oder elektronisches System?

- Kundenwünsche erahnen, Kunden überraschen und verblüffen
  - Überrasche ich meine Kunden regelmäßig, indem ich etwas Außergewöhnliches für sie tue?
- Persönliches Auftreten, Umgangsformen
  - Kann ich stolz auf mein äußeres Erscheinungsbild sein?
  - Benehme ich mich in jeder Situation korrekt?
- Fachwissen, Professionalität
  - Weiß ich alles, was Kunden von mir erwarten können?
  - Wie halte ich mein Wissen aktuell?
- Verständnis zeigen
  - Zeige ich wann immer möglich Verständnis für die Wünsche und Probleme meiner Kunden, auch wenn diese manchmal nicht sehr geschickt formuliert sind?
- Hilfsbereitschaft zeigen, Hilfestellung anbieten
  - Bin ich ein hilfsbereiter Mensch und unterstütze ich meine Kunden wo immer möglich, auch wenn es um etwas geht, was nicht unmittelbar meinen Arbeitsbereich betrifft?
- Kritik annehmen, Fehler zugeben
  - Bin ich selbstkritisch oder löst eine Kritik oder Beschwerde gleich eine Verteidigungsstrategie bei mir aus?
  - Kann ich Fehler zugeben?
- Permanente Verbesserung anstreben
  - Bin ich lernbereit und immer bestrebt, noch besser zu werden?
- Sich anständig wehren und durchsetzen können
  - Kann ich mich, wo nötig, für mich, meine Kollegen und den Betrieb auf anständige Weise vertreten?
  - Kann ich mir Respekt verschaffen?

Sicheres Auftreten und passende Umgangsformen

Wenn über Umgangsformen gesprochen wird, fällt häufig der Name »Knigge«. Adolph Freiherr von Knigge (1752–1796) schrieb den Ratgeber *Über den Umgang mit Menschen*. Auf dieser Basis werden regelmäßig aktualisierte Benimmratgeber herausgebracht.

Umgangsformen haben zum Ziel, das Zusammenleben in der Gesellschaft angenehm zu gestalten. Zudem haben es Menschen mit einem guten Benehmen, einem guten Auftritt generell im Leben einfacher. Die heutigen Regeln sind weniger streng, doch sie sind immer noch ein Aspekt, aufgrund dessen eine Person beurteilt wird. Anstandsregeln sind nie starr, sondern entwickeln sich mit der Gesellschaft. So haben sich beispielsweise für den Umgang mit Mobilkommunikation neue Regeln etabliert, die jedoch in der Gesellschaft noch nicht überall bekannt und respektiert sind.

Je nach Beruf und Branche gibt es für das richtige Verhalten unterschiedliche Vorgaben. Was aber praktisch allen Berufen gemeinsam ist, ist die Tatsache, DASS es gewisse Regeln gibt, an die sich die Mitarbeitenden zu halten haben. Viele dieser Regeln werden schriftlich oder mündlich kommuniziert, auf andere stößt man spätestens dann, wenn man einen Fehler begangen hat.

Anstandsregeln sind natürlich auch ein Ausdruck kultureller Unterschiede, die einem oft erst dann auffallen, wenn man selbst oder jemand anders offensichtlich in ein Fettnäpfchen getreten ist.

> *»Höflichkeit ist wie ein Luftkissen.*
> *Es mag wohl nicht viel drin sein, aber es mildert die Stöße des Lebens.«*
>
> *Arthur Schopenhauer*

Professionelle Umgangsformen im Kundenkontakt

Wie sattelfest bin ich? Selbsttest

1. *Eine ältere Kundin betritt ein Geschäft. Wer grüßt zuerst?*
   a) Die Kundin, das heißt die Person, die einen Raum betritt.
   b) Der jüngere Verkäufer, aus Respekt vor Geschlecht und vor dem Alter.
   c) Der Verkäufer, weil er der »Rangtiefere« ist.
2. *Sie stehen mit Ihrem Chef und einem Kunden vor dem Lift. Wer geht zuerst hinein?*
   a) Ich stehe ganz vorn, gehe also auch zuerst hinein.
   b) Der Chef bekommt den Vortritt.
   c) Der Kunde bekommt den Vortritt.
3. *Sie sind eine Frau und warten auf Ihren jüngeren Kunden. Wie verhalten Sie sich, wenn er kommt?*
   a) Als Frau darf ich sitzen bleiben.
   b) Ich stehe auf.
   c) Ich stehe auf, weil er der Kunde ist.
   d) Ich bleibe sitzen, weil ich die Ältere bin.
4. *Sie gehen mit Kollegen ins Kino und sehen dort an der Kasse einen Stammkunden Ihres Betriebs.*
   a) Ich werde hingehen und den Kunden höflich begrüßen.
   b) Ich tue so, als hätte ich ihn nicht gesehen.
   c) Ich nicke ihm diskret zu.
   d) Ich rufe seinen Namen und winke ihm zu.

5. *Sie verstehen sich gut mit einer jüngeren Kundin. Wer bietet wem das Du an?*
   a) Als Frau ist es an ihr, das Du anzubieten.
   b) Ich duze sie einfach, schließlich ist das bei uns so üblich.
   c) Als Älterer biete ich der Frau das Du an.
   d) Es ist an der Kundin, mir das Du anzubieten.

6. *Ein Kunde, der Ihnen nicht sonderlich sympathisch ist, bietet Ihnen das Du an. Dürfen Sie es ablehnen?*
   a) Ja – ich wähle immer noch selbst aus, wen ich duze und wen nicht.
   b) Nein – das wäre extrem unhöflich.
   c) Das würde ich mich nicht getrauen, also mache ich gute Miene zum bösen Spiel.
   d) Ja – aber mit einer Erklärung.

7. *Wie sprechen Sie Ihre Kollegin, die Sie normalerweise duzen, ganz korrekt vor Besuchern an?*
   a) Natürlich mit Du und Vornamen.
   b) Mit Du im direkten Gespräch, wenn Sie *über sie* sprechen mit »Frau X …« *(Frau X wird Ihnen das Produkt bringen.«)*
   c) Mit Sie.

8. *Eine Kundin bringt Ihnen als Dank für Ihre Freundlichkeit ein kleines Schokoladenherz mit. Sie essen keine Schokolade. Was tun Sie?*
   a) Ich bedanke mich für das Geschenk und nehme es an.
   b) Ich bedanke mich, erkläre aber, dass ich es nicht annehmen will.
   c) Ich bedanke mich und sage der Kundin, sie soll es doch bitte meiner Kollegin schenken.

9. *Sie sind mit Ihrer Partnerin unterwegs und begegnen einem Kunden. Wen stellen Sie wem vor?*
   a) Den Kunden meiner Frau.
   b) Meine Frau dem Kunden.
   c) Die beiden machen sich selbst bekannt.

10. *Ihr Kunde gibt Ihnen eine Visitenkarte, damit Sie den Namen abschreiben können. Was machen Sie danach damit?*
    a) Ich gebe sie zurück.
    b) Ich werfe sie sogleich weg, weil ich sie ja nicht mehr brauche.
    c) Ich frage: »Darf ich die Karte behalten?«, und klemme sie an die Bestellung.

11. *Sie sind Teilnehmer an einem Seminar und sitzen beim Mittagessen. Wo befindet sich Ihr Handy?*
    a) Auf dem Tisch.
    b) Diskret auf Ihrem Schoß.
    c) In Ihrer Tasche.

12. *Während der Arbeit mit Kunden schielen Sie auf Ihr Handy und sehen, dass Ihre Mutter versucht, Sie zu erreichen. Es kommt nie vor, dass sie Sie während der Arbeit stört. Was tun Sie?*
    a) Ich nehme das Gespräch entgegen.
    b) Wenn möglich, entschuldige ich mich kurz und telefoniere außerhalb des Kundenbereiches.
    c) Ich rufe in der Pause zurück.

Auflösung: die empfohlenen Antworten sind …

1/c	2/c	3/b	4/c	5/d	6/d	7/b	8/a
9/b	10/c	11/c	12/ b oder c				

Generell gilt: Im Kontakt zwischen Dienstleister und Kunde gilt der Kunde als die ranghöhere Person. Im Bereich der Anstandsregeln in einem beruflichen Zusammenhang ist der Rang wichtiger als Alter oder Geschlecht. Darum …

- grüßen Mitarbeiter zuerst,
- werden andere Personen dem Kunden vorgestellt,
- hat er oder sie den Vortritt.

Grundsätzliche »DOs«, die das Leben aller angenehm machen

- »Danke«, »Bitte«, »Entschuldigung«
- Besucher zur Tür begleiten
- Aufstehen, wenn Kunden den Raum betreten (oder zumindest aufsehen, wenn Sie an einem Schalter sitzen)
- Die Tür aufhalten
- Jemandem einen Platz anbieten
- Sobald man mit anderen Personen zusammen ist, bereit sein, irgendetwas zu einem angenehmen Kontakt beizutragen
- Nicht einfach reglos zuhören, sondern nicken (»Ah ja?«, »Wirklich«? etc.)
- Interesse zeigen – auch wenn uns nicht jedes Thema interessiert, ist es ein Zeichen der Wertschätzung, Anteil an den Interessen unserer Gesprächspartner zu nehmen
- Gesprächspartner ausreden lassen

Grundsätzliche »DON'Ts«, wenn Sie als höflich und professionell gelten wollen

- Unpünktlichkeit
- Bei der Begrüßung sitzen bleiben (natürlich nicht an einem Schalter oder als Busfahrer)
- Finger knacken
- Fingernägel kauen
- Den Gesprächspartner nicht anschauen
- Ein Geschenk ablehnen
- In einem Gespräch oder drinnen die Sonnenbrille aufbehalten
- Als Mann Mütze oder Hut in geschlossenen Räumen aufbehalten
- Negative Botschaften per SMS senden
- Husten oder niesen, ohne die linke Hand vor den Mund zu halten

- Über Körpergeräusche und Gerüche reden
- Jemandem etwas zuflüstern, während andere reden
- Das Handy immer griffbereit haben und überall und immer auf Anrufe oder Nachrichten reagieren

Erste Schritte – aller Anfang ist schwer …

Wir alle sind Dienstleister und Kunden. Nach Feierabend trinken Sie ein Bier oder gehen morgens zum Arzt. Da freuen Sie sich über eine tolle Bedienung und Behandlung.

Sie möchten gerne Erfolg haben, verstanden werden und mehr Anerkennung bekommen? Vieles kann man lernen und auch Einstellungen können sich im Laufe des Lebens verändern.

Testen Sie es doch aus.

Stellen Sie sich eine Woche lang vor, sie würden während Ihrer Arbeit von einer Fernsehkamera begleitet. Oder jeder Kunde wäre der Ministerpräsident oder eine andere Berühmtheit. Selbstverständlich zeigen Sie sich daher von Ihrer Schokoladenseite.

Nach einer Woche fragen Sie sich: ›*Was habe ich erlebt? Hatte ich mehr positive Begegnungen als vorher? Ist es den Aufwand wert?*‹

Es kann auch sein, dass Ihre Kollegen sich ähnlich verhalten und sich wundern: »*Was ist denn mit dir los? Spinnst du?*«

Dann sagen Sie: »*Ich will mal etwas ausprobieren.*« Und führen Ihr Experiment weiter!

Wie man in den Wald hineinruft, so schallt es heraus: Was habe ICH davon, ein guter Dienstleister zu sein?

- Ich werde die positiven Kundenreaktionen erhalten, die ich verdiene.
- Ich erhalte Bestätigung und Anerkennung.
- Ich bekomme mehr Trinkgeld.
- Ich erlebe weniger unangenehme Situationen, weil mein gutes Verhalten auch wiederum Gutes anzieht.
- Ich widerlege möglicherweise ein Bild, das sich andere von mir gemacht haben.
- Ich schaffe mir einen noch besseren Ruf.
- Ich werde für jüngere oder unerfahrene Mitarbeiter zu einem Vorbild werden.
- Ich leiste ohne zusätzlichen Aufwand einen noch größeren Beitrag zum Betriebserfolg.

Und Sie sollten nicht vergessen:

Langfristig bewirken tägliche positive Gedanken und Begegnungen für unser Aussehen bedeutend mehr als jede Antifaltencreme.

4. Der Ton macht die Musik – geschickt mit Kunden reden

Wer gut kommuniziert, ist erfolgreicher – und das in jedem Lebensbereich. Dies gilt ganz besonders für den Umgang mit Kunden. Man kann Kunden fast alles sagen – vorausgesetzt, es ist geschickt formuliert. Für viele, die neu in einem Dienstleistungsberuf arbeiten, ist diese etwas umständliche Art zu reden wie ein neuer Dialekt, der erlernt und geübt werden kann.

Das kleine Einmaleins der Kundensprache

Bei der Begrüßung …

Statt: *Nur fragender Blick … wortlos …*
Besser: Zugewandte Körperhaltung, Blickkontakt, Lächeln
»*Guten Tag Frau X, was darf/kann ich Ihnen zeigen/geben?*«

Bei der Bedienung

Statt: »*Das muss ich aus dem Lager holen.*«
Besser: »*Ich bringe es Ihnen gleich, einen Moment bitte.*«
»*Vielleicht mögen Sie sich einen Moment umschauen oder müssen noch etwas anderes einkaufen?*«

Statt: »*Das müssen wir bestellen.*«
Besser: »*Ich kann es Ihnen gerne bestellen, bis morgen früh ist es hier.*«

Statt: »*Das muss ich abklären.*«
Besser: »*Ich kläre es gerne für Sie ab.*«

Statt: »*Ich muss noch meine Chefin fragen.*«
Besser: »*Wir schauen es noch zu zweit an, einen Moment bitte.*«

Statt: »*Das weiß ich auch nicht.*«
Besser: »*Ich werde mich kurz informieren.*«

Statt: »*Sonst noch was?*«
Besser: »*Was darf ich Ihnen sonst noch zeigen?*«

Statt: »*Bei uns sind viele Mitarbeiter krank, darum können wir nicht ...*«
Besser: »*Momentan kann ich Ihnen Folgendes anbieten ...*«

Der Köder muss dem Fisch schmecken, nicht dem Fischer!

- »*Das Produkt hat für Sie den Vorteil, dass Sie ...*«
- »*Ich kann Ihnen gerne zeigen, was für Sie sinnvoll wäre.*«
- »*Ich bringe Ihnen etwas, das Ihnen helfen wird.*«
- »*Mit diesem Produkt können Sie auch ...*«
- »*Damit haben Sie die Möglichkeit ...*«
- »*Kommt noch was dazu?*
- »*Gerne, brauchen Sie dazu noch ein Pflege- oder Reinigungsprodukt?*
- »*Darf ich Ihnen dazu noch ...*«

Gespräch verschieben

Statt: »*Wir haben im Moment sehr viel Arbeit.*«
Besser: »*Wenn Sie einverstanden sind, werde ich die Punkte in Ruhe abklären und mich bis spätestens 12.00 Uhr bei Ihnen melden.*«

Abklärung der Kundenbedürfnisse

- *»Was brauchen Sie genau?«*
- *»Wie häufig benutzen Sie das Gerät?«*
- *»Welche Funktionen sind Ihnen besonders wichtig?*
- *»Wie schnell müssten Sie die Lieferung haben?«*
- *»Seit wann existiert dieses Problem?«*
- *»Wie haben Sie das gemerkt?*

Hilfsbereitschaft signalisieren

- *»Da finden wir sicher eine Lösung.*
- *»Das mache ich gerne für Sie.«*
- *»Natürlich gerne.«*
- *»Sagen Sie mir doch bei Ihrem nächsten Besuch, wie gut das Produkt gewirkt hat.«*
- *»Zögern Sie nicht, wieder vorbeizukommen, wenn ich Ihnen noch zusätzlich behilflich sein könnte.«*

Verabschiedung

Statt *»Tschüss!«*

- *»Auf Wiedersehen, Frau Schmidt, und besten Dank.«*
- *»Vielen Dank für Ihren Besuch und noch einen schönen Tag.«*
- *»Gute Heimkehr/noch einen schönen Tag/bis zum nächsten Mal viel Freude mit Ihrem Kauf.«*
- *»Schöne Ferien/schönes Wochenende/schöne Festtage.«*
- *»Gerne bis zum nächsten Mal.«*

Gebräuchliche Standardfloskeln kritisch hinterfragt

Es gibt gängige Standardäußerungen im Kundenkontakt, die häufig ohne Nachzudenken übernommen und wiederholt werden. Sie sind zwar nicht schlimm oder falsch, doch entweder kann man sie als Kunde einfach irgendwann nicht mehr hören und sie führen zu unerwünschten Kundenreaktionen – oder sie sind schlicht »unelegant«.

Statt: »*Ein Gruß aus der Küche.*«
Besser: »*Hier schon mal etwas Kleines vorweg.*«
»*Schon etwas für den ersten Hunger.*«

Statt: »*Kann ich Ihnen helfen?*« (provozierte Antwort: »Ich bin Gott sei Dank noch nicht hilfebedürftig.«)
Besser: »*Darf ich Ihnen behilflich sein?*«

Statt: »*Was hätten Sie gerne?*« (provozierte Antwort: »Ich hätte da schon ein paar Ideen …«)
Besser: »*Was darf ich Ihnen zeigen/bringen?*«

Statt: »*Hatten Sie eine gute Reise?*« (Hilfe! Jetzt ist er hier – und wird gedanklich gleich wieder weggeschickt.)
Besser: »*Ich hoffe, Sie hatten eine gute Reise. Herzlich willkommen bei uns …*«

Statt: *War es recht?* (»recht« reicht nicht)
Besser: »*Ich hoffe, Sie waren zufrieden. Als Nachspeise …*«

Gast sitzt vor leerem Teller

Kellner: »Hat es geschmeckt?«

Gast: »Ehrlich gesagt war das Fleisch etwas zäh.«

Kellner: »Warum haben Sie es dann gegessen? Jetzt kann ich auch nichts mehr machen.«

Gast denkt: »Aber DU hast ja gefragt!!!«

Merke:
Wer erst fragt, wenn der Gast fertig gegessen hat, darf eine ehrliche Antwort nicht scheuen und sollte dann auch entsprechend großzügig reagieren!

Statt: »*Haben Sie reserviert?*« (Gast, der nicht reserviert hat, fühlt sich eventuell kritisch gemustert)
Besser: »*Guten Abend, herzlich willkommen …*«

Der Gast, der reserviert hat, wird von selbst seinen Namen nennen!

Spontan gedacht – klüger formuliert

»Direktreder« und »Indirektreder« sprechen eine andere Sprache

Eine wichtige Unterscheidung, die zu vielen Missverständnissen und Konflikten führen kann, betrifft die unterschiedliche sprachliche Ausdrucksform, die Menschen wählen. Man kann diese Unterscheidung als die Differenz zwischen sogenannten Direktredern und Indirektredern bezeichnen.

Direktreder sind Personen, die einen knappen, direkten Kommunikationsstil pflegen. Sie sagen beispielsweise: *»Sie wünschen?«*, oder: *»Ich muss da durch.«* Indirektreder »packen« ihre Aussagen gerne etwas ein. Ein Indirektreder würde beispielsweise fragen: *»Guten Tag, was darf ich Ihnen bringen?«*, oder: *»Darf ich Sie bitten, die Tasche etwas zur Seite zu schieben, damit wir gut vorbeikommen? Vielen Dank.«*

Direktreder werden vorschnell als schroff oder unhöflich empfunden, ohne dass sie sich dessen bewusst sind, geschweige denn dies beabsichtigen. Oft spüren sie, dass sie bei ihren Gesprächspartnern nicht gut ankommen, wissen aber nicht, warum.

Wer sich knapp ausdrückt und nicht lächelt, gilt als schroff.

Das kann sogar zwischen verschiedenen deutschsprachigen Kulturen zu Missverständnissen führen, wird doch tendenziell beispielsweise in Norddeutschland anders gesprochen als in der Schweiz, in Süddeutschland oder Österreich.

Ein Norddeutscher Fitnesstrainer eines Wellnesshotels erzählte mir folgende Geschichte: Morgens um 9.00 Uhr stand eine einzige ältere Schweizerin im Schwimmbad bereit für die Aquafit-Gruppenlektion. Als sie sah, dass sie völlig allein war, sagte sie: »Also, wegen mir allein müssen Sie die Stunde natürlich nicht durchführen.« Als Indirektrednerin hätte sie folgende Antwort auf ihren Vorschlag erwartet: »Aber selbstverständlich machen wir die Lektion, dann kann ich mich ganz auf Sie konzentrieren.« Doch der Fitnesstrainer dachte sich: Sie hat recht, das rechnet sich nicht … und sagte die Lektion ab. Daraufhin stürmte die Kundin noch im Bademantel ins Direktionsbüro und beschwerte sich. Der Trainer verstand die Welt nicht mehr – schließlich war es doch IHR Vorschlag gewesen!

Im Kundenkontakt wirkt ein indirekter Gesprächsstil freundlich und verbindlich.

Hier ein paar Beispiele:

Statt: »*Hier ist Nichtraucher.*«
Besser: »*Darf ich Sie bitten, hier nicht zu rauchen?! Gerne können Sie …*«

Statt: »*Wir schließen gleich.*«
Besser: »*Darf ich Sie auf unsere Öffnungszeiten aufmerksam machen?*«

Statt: »*Das haben wir nicht mehr.*«
Besser: »*Leider haben wir das Produkt nicht mehr auf Lager. Gerne kann ich es aber für Sie bestellen.*«

Statt: »*Tragen Sie sich hier ein.*«
Besser: »*Würden Sie sich bitte hier eintragen?*«

Statt: »*Wie ist Ihr Name?*«
Besser: »*Darf ich Sie um Ihren Namen bitten?*« Oder: »*Sagen Sie mir bitte Ihren Namen?*«

Schöner verpackt

Statt: »*Dafür habe ich jetzt keine Zeit.*«
Besser: »*Da muss ich Sie um etwas Geduld bitten.*«

Statt: »*Das weiß ich auch nicht.*«
Besser: »*Da ist Frau X zuständig. Ich werde mich gleich bei ihr informieren.*«

Statt: »*Das ist unmöglich.*«
Besser: »*Das wird leider nicht gehen.*«
»*Da kann ich Ihnen leider nicht entgegenkommen.*«

Statt: »*Das stimmt nicht.*«
Besser: »*Da bin ich anders informiert.*«
»*Da haben Sie mich falsch verstanden.*«
»*Da liegt ein Missverständnis vor.*«

Statt: »*Kollege kommt gleich!*«
Besser: »*Gerne nehme ich Ihre Bestellung auf und leite sie an meine Kollegin weiter.*«

Statt: »*Das muss der Chef entscheiden und er ist heute nicht da.*«
Besser: »*Ich werde mich bei meinem Chef informieren und Sie morgen früh anrufen. Ich hoffe, dass ist so okay für Sie.*«

Statt: »*Das müssen Sie den Chef fragen*«, *oder:* »*Irgendwann ist die Garantie halt zu Ende.*«
Besser: »*Leider kann ich diese Reparatur nicht mehr als Garantieleistung abbuchen.*«

Statt: »*Das kann ich nicht entscheiden.*«
Besser: »*Ich werde mich informieren.*«

Der schnelle Impuls – blitzschnell übersetzt!

»Ich hab auch nur zwei Hände – wenn ich drei hätte, wäre ich im Zirkus!«
»Ich bin doch nicht Harry Potter!«
»Nimm dir ein Snickers.« (»Immer wenn du hungrig bist, wirst du zur Diva.«)

Wird zu: *»Bitte haben Sie einen Moment Geduld, ich bin gleich bei Ihnen!«*

»Können Sie nicht aufpassen!«
»Wie kann man nur so blöd sein!«
»Haben Sie nicht lesen gelernt?«
»NEIN, ganz sicher nicht!«
»Bist du so blöd oder tust du nur so?!«
»Mein Chef hat Besseres zu tun, als sich um so was zu kümmern.«

Wird zu: *»Leider nein«*

So machen Sie sich keine Freunde

Den Kunden ihr Verhalten vorwerfen

Statt: *»Da hätten Sie früher anrufen sollen!«*
Besser: *»So kurzfristig könnte es schwierig werden.«*

Statt: *»Da hätten Sie halt früher kommen müssen.«*
Besser: *»Wenn Sie uns kurz anrufen, legen wir Ihnen ein Olivenbrot zur Seite, sodass Sie nicht wieder vergeblich kommen.«*

Statt: *»Was haben Sie denn da gemacht? Können Sie nicht aufpassen?«*
Besser: *»Einen Moment, bitte, ich hole gleich einen Lappen.«*

Statt: »*Seien Sie doch nicht so ungeduldig.*«
Besser: »*Bitte haben Sie einen Moment Geduld.*«

Statt: »*Sie sind nicht der Einzige hier.*«
Besser: »*Ich bin gleich bei Ihnen.*«

Statt: »*Sehen Sie nicht, dass Sie im Weg stehen?*«
Besser: »*Entschuldigung …*«

Statt: »*Hätten Sie das nicht gleich sagen können?*«
Besser: »*Gerne …*«

Vermeiden Sie das Wort »müssen«!

Statt: »*Da müssen Sie an der Kasse fragen.*«
Besser: »*Darf ich Sie bitten, sich an meine Kollegin an der Kasse zu wenden? Danke.*«

Kunden unaufgefordert belehren

> »*Wer allzu klug ist, findet keine Freunde.*«
>
> *Japanisches Sprichwort*

Kunde: »Haben Sie auch Coca-Cola?«

Mitarbeiterin: »Wir sind ein Biofachgeschäft, das haben wir GANZ SICHER NICHT!!« (Antwort mit Augenrollen.)

Besser: Alternativen im eigenen Angebot erwähnen – oder sonst erklären, wo die nächste Möglichkeit ist, eine Coca-Cola zu kaufen.

Ein ausländischer Gast bestellte den teuersten Wein, der über 1000 Franken kostete. Wir hatten eine einzige Flasche im Keller und waren sogar unsicher, ob diese überhaupt verkauft werden dürfe. Nach Absegnung durch den Besitzer öffnete der Oberkellner mit viel Tamtam die Flasche am Tisch des Gastes, dekantierte sie und zelebrierte das Ganze mit großen Gesten. Als endlich die großen Burgundergläser gefüllt waren, bestellte der Gast ein Sprite und füllte sein Glas großzügig damit auf. Der arme Oberkellner war einem Schwächeanfall nahe und brauchte Stunden, um sich von diesem Schock zu erholen.

Statt: »*Wo denken Sie hin, jetzt gibt es sicher keine Lebkuchen mehr.*«
Besser: »*Wir haben die feinen Lebkuchen wieder ab Oktober.*«

Statt: »*Bei Joggingschuhen ist es egal, wie Sie aussehen.*« (Hallo – soll ich ausschließlich im Dunkeln trainieren?).
Besser: »*Die Passform ist natürlich das Wichtigste, doch ich verstehe, dass Ihnen der Schuh auch gefallen sollte.*«

Statt: »*Jeder weiß, dass man bei uns während der Turnierzeit reservieren muss.*«
Besser: »*Bitte rufen Sie uns doch ungefähr einen Monat vor Ihrem nächsten Besuch an, damit wir Ihnen einen Platz reservieren können.*«

Statt: »*Ein deutsches Auto hat halt seinen Preis.*«
Besser: »*Was wäre denn der ungefähre Kostenrahmen, an den Sie gedacht haben?*«

Statt: »*Für fünf Euro pro Deziliter gibt's nun mal keinen erstklassigen Wein!*«
Besser: »*Ich könnte Ihnen unseren Rioja empfehlen. Er ist allerdings auch etwas teurer.*«

Statt: *»Wo denken Sie hin, wenn wir alles, was wir im Onlineshop anbieten, im Geschäft haben wollten, müssten wir gewaltig anbauen.«*
Besser: *»Wir haben nicht alle Artikel des Onlineshops im Geschäft. Ich lasse Ihnen aber die Jacke gerne bis morgen kommen, damit Sie sie hier probieren können.«*

> »Frauen Ihrer Generation entscheiden sich eher für dieses klassische Modell«, sagte die füllige Verkäuferin in knallengen Leggings in der Hosenabteilung des Kleidergeschäftes, als ich mir eine moderne Jeans kaufen wollte. »Das wäre vermutlich für Frauen Ihrer Kleidergröße auch geschickter!«, habe ich mir daraufhin gedacht.

Zu dieser Regel gibt es natürlich auch Ausnahmen, und ein Verkäufer könnte dann dem Kunden aufgrund seines fundierten Wissens Ratschläge erteilen. Es gibt sogar Berufe, deren Vertreter wir sogar dafür bezahlen, dass Sie uns belehren. Zu dieser Gruppe gehören beispielsweise Anwälte, Lehrer, Trainer und Ärzte.

Negativ über Kollegen, Mitbewerber oder andere Kunden sprechen

Sie sollten sich weder über andere beklagen noch sie schlechtmachen:

- *»Wissen Sie, in dieser Abteilung klappt sowieso nichts.«*
- *»Unser Chef hat heute einen schlechten Tag.«*
- *»Kaufen Sie ja nicht bei denen, deren Qualität kann man wirklich vergessen.«*
- *»Frau Y ist unsere mühsamste Kundin.«*

Man kann auch ganz ohne Worte lästern … also Vorsicht mit verschwörerischen Blicken und deutlichem Augenrollen!

Fordern Sie keine Unterstützung an:

- *»Haben Sie das gehört, das ist auch der erste Kunde, der behauptet, ich sei aggressiv!«*

Lassen Sie sich von Kunden nicht zu negativen Äußerungen verführen:

- Kunde: *»Bei Ihnen geht es ja auch sehr streng zu, gestern Abend bis 20.00 Uhr und heute morgen sehe ich Sie schon wieder.«*
- Spontane Antwort: *»Jaja … unser Chef schafft es einfach nicht, einen anständigen Dienstplan zu schreiben.«*

Stattdessen: *»Ach, wissen Sie, das ist halb so schlimm. Ich bin das gewohnt. Dafür habe ich bald ein paar zusätzliche Tage frei.«*

Patzige, schnippische Äußerungen

Es gibt Menschen, die sich unbewusst einen unterschwellig aggressiven Umgangston angewöhnt haben. Dieser kommt, auch bei Kunden, nie gut an, weil der bissige Unterton wahrgenommen wird.

Statt: *»Wann hätte ich das machen sollen?«*
Besser: *»Nein, dazu bin ich leider noch nicht gekommen.«*

Statt: *»Dann müssen Sie halt …«*
Besser: *»Da werden Sie …«*

Statt: *»Das habe ich Ihnen gleich gesagt.«*
Besser: Nichts sagen – das weiß der Kunde selbst.

Statt: *»Da kann ich Ihnen auch nicht helfen.«*
Besser: *»Ich bedauere, dass ich Ihnen da nicht behilflich sein kann.«*

Gewisse Äußerungen können einfach ersatzlos gestrichen werden, wie zum Beispiel:

»Ja, ja, ich komm ja schon!«
»Was kann ich denn dafür?!«
»Haben Sie endlich was gefunden?«
»Ich versuche gerade, Ihnen zu erklären ...«
»Das haben schon mindestens 30 Leute vor Ihnen gegessen, und Sie sind der Einzige, der sich beschwert!«

Kunde: »Was ist der Unterschied zwischen dem Gerät für 349 Euro und dem für 399 Euro?«

Mitarbeiter: »50 Euro.«

Wer fragt, führt ... Kunden die richtigen Fragen stellen

> *»Ich könnte die ganze Welt erforschen, wenn man mir nur die richtigen Fragen stellen würde.«*
>
> *Sokrates*

Dienstleister sprechen mit Kunden in den verschiedensten Situationen. Um genau zu erkennen, was diese im Moment wirklich wollen oder brauchen oder wo ein Problem liegt, brauchen sie gute Fragen. Auch wenn dem Kunden eventuell nicht geholfen werden kann, zeigen Fragen Interesse und ein ehrliches Bemühen um Verständnis.

Hier ein paar gängige Fragearten

Offene Fragen

Offene Fragen sind so formuliert, dass sie nicht einfach mit Ja oder Nein beantwortet werden können. Durch offene Fragen kommt ein Gespräch in Gang.

Meist werden die sogenannten W-Fragen eingesetzt:

Wo? Wann? Was? Wie? Wofür? Warum? Wer? Welche? Wozu?

Offenen Fragen sind ideal, um ein Kundenbedürfnis ganz genau abzuklären:

- *»Was ist Ihnen bei Ihrem Auto besonders wichtig?«*
- *»Welche Liefertermine würden infrage kommen?«*
- *»Was ist genau geschehen?«*
- *»Wie darf ich das verstehen?«*
- *»Wie haben Sie das gemerkt?«*

Hilfreich sind offene Fragen auch in einer ungezwungenen Unterhaltung:

- *»Wie war Ihr Urlaub?«*
- *»Wo haben Sie geparkt?«*
- *»Welche Sportart bevorzugen Sie?«*

Geschlossene Fragen

Sogenannte geschlossene Fragen sind so formuliert, dass sie mit Ja oder Nein beantwortet werden können. Sie sind überall da besonders wichtig, wenn eine eindeutige, klare und kurze Antwort gefragt ist:

- *»Möchten Sie das kleine oder das große Brot? Das helle oder das dunkle?«*
- *»Sollen wir im März oder im April liefern?«*
- *»Dann darf ich den Vertrag so aufsetzen?«*
- *»Wollen Sie diese Frau heiraten?«*

Hypothetische Fragen

Hypothetische Fragen eignen sich sehr gut, wenn eine gemeinsame Lösung gesucht wird. Sie helfen, den Blick auf die Zukunft zu richten:

- *»Angenommen, wir könnten noch diese Woche liefern … ?«*
- *»Wie wäre es, wenn … ?«*
- *»Wäre es eine Möglichkeit, dass … ?«*

Spiegeln, aktives Zuhören

Aktives Zuhören nennt man nicht nur das ganz bewusste Zuhören, sondern auch die Technik, den sachlichen Inhalt oder aber die vermuteten Gefühle des Gegenübers in eigene Worten zu fassen und zurückzugeben beziehungsweise zu spiegeln. Aktives Zuhören verwenden wir vor allem,

- wenn wir jemandem helfen oder ihn beraten wollen,
- wenn jemand sehr aufgewühlt oder aufgebracht ist.

Besonders bei längeren Gesprächen kann es sinnvoll sein, die Äußerungen des Gesprächspartners oder den emotionalen Gehalt der

Aussage in eigenen Worten zusammenzufassen. So können wir sicherstellen, dass die Kernaussagen aufgenommen wurden. Die andere Person erkennt diese Bemühung und fühlt sich verstanden.

Nachfolgend einige mögliche Satzanfänge:

- *»Es ist Ihnen also wichtig, dass …«*
- *»Sie fühlen sich …«*
- *»Ich höre, Sie …«*
- *»Wenn ich richtig verstehe …«*
- *»Aus Ihrer Sicht …«*
- *»Von Ihrem Standpunkt aus …«*
- *»Sie sind verärgert, weil …«*
- *»Für Sie ist es …«*
- *»Mit anderen Worten …«*
- *»Sie denken …«*
- *»Sie sagen …«*
- *»Sie glauben …«*
- *»So wie ich Sie verstehe …«*
- *»Trifft es zu, dass …?«*
- *»Ich habe den Eindruck, dass …«*
- *»Ich frage mich, ob …«*
- *»Es scheint, Sie …«*
- *»Ist es möglich, dass …?«*
- *»Vielleicht fühlen Sie …«*

Ja, aber – auf Kundeneinwände reagieren

In einem längeren Kundengespräch kommt es häufig dazu, dass Kunden einem Vorschlag oder einem Angebot mit Einwänden begegnen. Da ist es ganz wichtig, nicht ebenfalls mit »Ja, aber« zu reagieren, sondern sich anderer Methoden zu bedienen. Folgendes Verhalten kann da sinnvoll sein:

- Einwände wertfrei und ruhig zur Kenntnis nehmen
- positive Grundeinstellung beibehalten, freundlich und gelassen bleiben
- ruhig und gelöst bleiben
- Fakten, Informationen von Interpretationen und Gefühlen trennen
- aktiv und aufmerksam zuhören
- Verständnis haben – Verständnis zeigen
- unklare Einwände durch Präzisierungsfragen hinterfragen

Die bedingte Zustimmung, zweigeteilte Reaktion

Die bedingte Zustimmung beinhaltet nicht, dem Kunden recht zu geben, sondern zeigt Verständnis für die Beweggründe unserer Kunden.

1. Verständnis zeigen

- *»Ich verstehe Ihr Argument …«*
- *»Dies ist ein sehr wichtiger Aspekt …«*
- *»In diesem Punkt bin ich mit Ihnen einer Meinung, dass …«*
- *»Das kann auf den ersten Blick wirklich so erscheinen …«*
- *»Ich verstehe Ihre Bedenken durchaus.«*

2. Erklären, begründen

- *»Wir mussten jedoch bei der Entscheidung noch folgende Punkte in Betracht ziehen …«*
- *»Wir haben uns aus folgenden Gründe für die aktuelle Lösung entschieden …«*
- *»Gerne erläutere ich Ihnen, wie wir zum vorliegenden Vorschlag gekommen sind …«*

- *»Doch, wir haben mit dem neuen Produkt außerordentlich gute Erfahrungen gemacht …«*
- *»Die Geschäftsleitung hat diese Entscheidung aus folgenden Gründen getroffen …«*

Minus-plus-Technik

Bei der Minus-plus-Technik nimmt man den negativen Einwand auf und stellt ihn einem positiven Aspekt gegenüber.

»Sie haben recht, auf der einen Seite … auf der anderen Seite …«
»… zwar ist unsere Lösung etwas teurer, dafür haben wir aber zusätzlich noch folgende Punkte abgedeckt: …«
»… die Tatsache, dass der Raum kein Tageslicht hat, ist sicher ein gewisser Nachteil. Dafür haben die Teilnehmer Ihrer Tagung gar keine äußeren Ablenkungen. Wir haben immer wieder erlebt, dass dies eher zu einem Vorteil wurde.«

Die Konkretisierungsfrage, um den Einwand besser zu verstehen

- *»Womit vergleichen Sie den Aufwand?«*
- *»Wann sollten wir spätestens fertig sein?«*
- *»Wie viel dürfte es dann Ihrer Meinung nach kosten?«*
- *»Was wäre Ihrer Meinung nach machbar?«*

Einwand selbst in den Raum stellen

- *»Sie werden einwenden, dass wir für das Projekt länger brauchen als ursprünglich benötigt.«*
- *»Sie haben bestimmt schon gesehen, dass dieses Produkt das teuerste von allen ist. Der Grund ist …«*

Korkenzieher-Technik

Diese Technik ist ideal bei schweigsamen Gesprächspartnern. Sie bringen durch Fragen die Bedenken ans Tageslicht.

»Was sind Ihre Bedenken?«
»Ich sehe Sie zögern. Darf ich fragen, warum?«

Analogien

Erklärung anhand bildlicher Beispiele aus dem Alltag.

»Das ist wie beim Autokauf / Hausbau / bei der Urlaubsplanung …«

Die Referenz-Technik

Wir beziehen uns auf Referenzen wie beispielsweise:

- Artikel, Publikationen
- andere Projekte (anonym)

»Viele meiner Gesprächspartner dachten im ersten Augenblick so.«
»Diesen Punkt haben wir auch in einem andern Projekt intensiv diskutiert.«
»Diese Frage mussten wir uns auch schon mal stellen, wir haben es dort so gelöst …«

Zaubersätze, um schwierigere Situationen zum Guten zu wenden

Viele Situationen mit Kunden wiederholen sich. So können wir uns zumindest einen Teil unserer Reaktionen mit der Zeit antrainieren, sodass wir wenigstens einige Sätze bei Bedarf einfach abrufen können. Wählen Sie sich aber nur Sätze aus, die zu Ihnen und der Gegebenheit passen. Alles andere würde unecht wirken.

»Wer die Herzen der Menschen gewinnt,
hat mit den Köpfen leichtes Spiel.«

Anne M. Schüller

Der »Herzöffner« – der erste Teil fast jeder Antwort

Verständnis zeigen, Bedauern ausdrücken oder Entschuldigung aussprechen

»Es tut mir leid, dass Sie das so bei uns erlebt haben.«

»Es tut mir außerordentlich leid, dass Sie nicht zufrieden sind.«

»Ich bedaure, dass unser Angebot nicht Ihren Wünschen entspricht.«

»Ich kann Ihren Wunsch / Ärger / Standpunkt gut verstehen.«

»Es tut mir leid, dass Sie jetzt Unannehmlichkeiten haben.«

»Ich verstehe, dass Sie sich ärgern, an Ihrer Stelle würde ich mich bestimmt ebenso verhalten.« (Nur wenn es stimmt!)

»Da ist wirklich ein Fehler passiert. Bitte entschuldigen Sie.«

»Ich kann Sie gut verstehen, es wäre auch mir lieb, wenn Sie möglichst wenig Umtriebe hätten.«

»Ich kann Ihren Ärger verstehen, es ist wirklich unangenehm, dass Sie in so kurzem Abstand zweimal kommen müssen.«

»Es liegt uns sehr viel daran, dass Sie zufrieden sind.«

»Ich nehme das, was Sie mir sagen, sehr ernst.«

»Das ist mir wirklich sehr unangenehm.«

»Lassen Sie uns die Situation miteinander anschauen.«

»Wir werden sicher eine Lösung finden.«

»Ich bin sehr froh, dass Sie uns anrufen.«

»Vielen Dank für Ihren Hinweis.«

»Danke für die Information.«

»Ich verstehe Ihr Argument …«

»Dies ist ein sehr wichtiger Aspekt …«

»In diesem Punkt bin ich mit Ihnen einer Meinung, dass …«

»Bei erster Betrachtung habe ich genauso reagiert …«

»Das kann auf den ersten Blick wirklich so erscheinen …«

»Ich verstehe Ihre Bedenken durchaus.«

»Sie haben recht, auf der einen Seite … andererseits hat die Situation aber auch den Vorteil, dass …«

Abklärung mit Konkretisierungsfragen

»Was ist genau geschehen?«

»Wie darf ich das verstehen?«

»Wie haben Sie das gemerkt?«

»Womit sind Sie konkret nicht zufrieden?«

Antwort auf Pauschalurteile

»Mit welchem Aspekt unserer Dienstleistung sind Sie nicht zufrieden?«

»Was ist denn beim letzten Mal konkret vorgefallen?«

»Was hat denn genau zu Ihrem Urteil geführt?«

Auf Gründe hinweisen

»Aus Sicherheitsgründen …«

»Aufgrund der Hygienevorschriften …«

»Wir sind an das Bundesgesetz zum Schutz vor Passivrauchen gebunden …«

Gemeinsame Problemlösung aufzeigen

Eine weitere gute Möglichkeit besteht darin, den Kunden oder den Gast in die Problemlösung einzubeziehen.

»Wie wollen wir das jetzt angehen? Was wäre für Sie am angenehmsten?«

»Was können wir tun, um Sie doch noch zufriedenzustellen?«

»Was erwarten Sie jetzt von uns?«

»Was können wir jetzt noch für Sie tun?«

»Wie können wir diesen Fehler wiedergutmachen?«

Abschluss

»Ich werde mich persönlich darum kümmern.«

»Gerne gebe ich Ihnen telefonisch Bescheid.«

»Ich werde den Punkt nochmals genau überprüfen.«

»Sie können sich darauf verlassen, dass ...«

Wenn momentan nichts getan werden kann, Gesprächsabschluss

»Danke für die Anregung. Ich nehme sie gerne auf und leite sie an die Geschäftsleitung weiter.«

»Ich mache mir auf jeden Fall eine Notiz, damit dies bei Ihrem nächsten Kauf beachtet wird /nicht mehr vorkommt.«

»Danke für die Information. Ich werde sie sogleich weiterleiten.«

Kann man Kunden erziehen?

Weiß Ihr schlimmster Kunde, dass Sie ihn als solchen bezeichnen?

Viele Dienstleister leiden immer wieder unter dem Verhalten gewisser Kunden. Doch vermutlich ahnen diese nicht einmal, wie mühsam die Begegnungen mit ihnen erlebt werden.

Auch wenn es etwas Mut braucht, kann es gerade bei langjährigen Kunden durchaus sinnvoll sein, das Thema einmal diplomatisch und höflich anzusprechen, statt sich weiterhin immer wieder von Neuem über ein bestimmtes Benehmen zu ärgern. Schließlich ist in einem normalen Gehalt kein Schmerzensgeld inbegriffen.

Vielleicht wäre es hilfreich, wenn eine Führungskraft dieses Gespräch führen würde. Auf jeden Fall ist es wichtig, das Gespräch diskret an einem ruhigen Ort zu führen, sodass sich der Kunde nicht vor anderen bloßgestellt fühlt.

Kunden in vier Schritten mitteilen, was die Zusammenarbeit belastet

1. Einstiegssatz, zum Beispiel

»Ich muss Ihnen etwas sagen, was für mich nicht einfach ist.«

»Ich möchte Ihnen etwas sagen, was für mich immer wieder ein Problem ist.«

»Hätten Sie einen Moment Zeit für mich? Ich möchte mit Ihnen etwas besprechen, was uns Mitarbeiter sehr beschäftigt.«

2. Konkrete Fakten beschreiben

Was hat die andere Person konkret gesagt oder getan, was Sie nicht gut finden, was Sie ärgert oder verletzt?

»Wenn Sie bei uns einkaufen, äußern Sie sich direkt, laut und sehr fordernd.«

3. Wirkung, Gefühle mitteilen

Sagen Sie, was das Gesagte bei Ihnen auslöst.

»Das ärgert / verletzt / enttäuscht / bedrückt / nervt / beschäftigt / stresst mich.«

»Für uns klingen Ihre Äußerungen wie Befehle. Es verletzt/ärgert uns, so behandelt zu werden.«

»Ich bin dann gar nicht motiviert, Ihre Aufträge auszuführen.« Oder: *»Ich ärgere mich dann und verliere die Freude.«*

»Wir möchten Sie gerne mit Freude bedienen – was uns aber momentan einfach nicht gelingt.«

4. Wunsch oder Erwartung

»Bitte sprechen Sie in einem andern Ton mit uns.«

»Ich möchte mich respektiert fühlen, genauso wie ich Sie respektiere.«

»Bitte wählen Sie doch einen anderen Ton, sodass wir uns wieder über Ihren Besuch freuen können.«

Manchmal reicht auch eine kurze klare Aussage.

Ein Kunde gibt Ihnen einen Spitznamen, den Sie nicht mögen

»Bitte nennen Sie mich nicht so, mir ist das unangenehm.«

»Ich heiße Sandro und ich werde zukünftig nur reagieren, wenn Sie mich so nennen.«

Small Talk – die Kunst der leichten Unterhaltung

> *»Konversation ist die Kunst, alles zu berühren und nichts zu vertiefen.«*
>
> *Oscar Wilde*

Von Mitarbeitern wird erwartet, dass sie neben dem eigentlichen Verkauf ein ungezwungenes, freundliches Gespräch mit Kunden führen können. Doch dies fällt gewissen Menschen gar nicht so leicht. Viele eher verschlossenere, ruhigere Naturen gehen davon aus, dass man eigentlich nur dann reden sollte, wenn man etwas zu sagen hat.

Small Talk hat einen anderen Zweck. Es geht in dieser Art Gespräch darum, dem Gegenüber in unverbindlicher Art ein gutes Gefühl zu vermitteln. Das ist immer die Basis für eine gute geschäftliche Beziehung. Doch worüber soll man mit Kunden reden – und worüber eher nicht?

Am einfachsten ist es, Interesse zu zeigen für das, was einem die Kunden von sich aus erzählen, zum Beispiel:

- aus welcher Region oder welchem Land sie kommen
- wo sie im Urlaub waren
- welche Hobbys sie pflegen
- ob sie Kinder haben
- wann sie Geburtstag haben

Weitere unverfängliche Themen sind beispielsweise:

- das aktuelle Wetter
- Sport
- die Tätigkeit des Kunden

- Kultur (Ausstellungen, Film, Theater, TV, Literatur)
- Tiere, Pflanzen
- Familie, Dinge, die bekannt und unverfänglich sind
- Autos, technische Geräte
- Kleider, Wellness, Wohnen, Garten

Gefährliche Themen

- Betriebliches
- Religion und religiöse Überzeugungen
- politische Meinungen
- familiäre Situation
- Probleme
- Krankheiten
- Verallgemeinerungen, die An- oder Abwesende verletzen könnten
- Achtung mit Stellungnahmen bei Mannschaftssport und Länderspielen: *»Ich bin für alle, solange sie die Spanier schlagen!«*

Aus der Konversation aussteigen

»Das war wirklich sehr interessant – entschuldigen Sie mich bitte, ich sollte …«

»Entschuldigen Sie mich bitte, wenn ich hier abbreche …«

5. In typischen Alltagssituationen souverän reagieren

1. Der Kunde hat keine Zeit
2. Der Kunde will einen früheren Liefertermin als vorgeschlagen
3. Eigene Lieferanten haben nicht rechtzeitig geliefert
4. Der Kunde verlangt nach einem ausverkauften oder nicht mehr angebotenen Produkt
5. Der Kunde äußert sich zu Dingen, die gar nichts mit dem Betrieb zu tun haben
6. Der Kunde äußert sich über betriebliche Aspekte, die Sie nicht ändern können
7. Der Kunde fragt Sie nach Ihrer persönlichen Meinung
8. Der Kunde fragt Sie etwas, was Sie nicht wissen
9. Der Kunde möchte Informationen, die Sie nicht geben dürfen
10. Sie müssen NEIN sagen
11. Der Kunde ist von einer Regelung nicht überzeugt, die Sie auch nicht befürworten
12. Der Kunde will Kollegen gegeneinander ausspielen
13. Der Kunde vergleicht mit früher
14. Der Kunde vergleicht mit anderen Filialen der Unternehmung
15. Der Kunde vergleicht mit Mitbewerbern
16. Der Kunde äußert sich über Kollegen, Vorgesetzte oder andere Kunden
17. Der Kunde spricht Sie auf Ihren Namen oder Ihr Aussehen an
18. Ich kenne Ihren Chef persönlich!
19. Es ist ein Fehler passiert

20. Der eine Kunde mag etwas – der andere will genau das Gegenteil
21. Der Kunde hält sich nicht an Regeln
22. Der Kunde hat Kinder, die sich nicht korrekt verhalten
23. Dem Kunden gefällt das bestellte Produkt nicht – er will nicht bezahlen
24. Der Kunde behauptet etwas anderes, als mit ihm besprochen wurde
25. Der Kunde will kein Nein akzeptieren
26. Der Kunde will eine Bühne
27. Der Kunde zweifelt Ihre Ehrlichkeit an
28. Sie zweifeln an der Ehrlichkeit des Kunden
29. Sie können nichts tun und möchten das Gespräch beenden
30. Der Kunde findet das Angebot zu teuer

Neben all den angenehmen Begegnungen mit Kunden gibt es immer wieder sehr herausfordernde Momente. Doch auch in diesen Fällen finden sich immer wieder die gleichen Themen oder Verhaltensweisen. Darum lohnt es sich, sich auf die gängigsten Situationen sorgfältig vorzubereiten. Zumindest ein Teil einer hilfreichen Reaktion kann im Voraus trainiert werden. So kann man im entscheidenden Moment souverän wirken und sein.

1. Der Kunde hat keine Zeit

Dienstleister neigen dazu, Personen, die momentan keine Zeit haben, *generell* als ungeduldig einzustufen. Aber Ungeduld ist nicht immer ein Vorwurf.

Möglicherweise wird der Kunde das Geschäft ohne Einkauf wieder verlassen müssen, weil er nicht genügend Zeit mitbringen **konnte**. Das ist natürlich sehr bedauerlich – aber kein Grund, sich Vorwürfe zu machen (– außer wenn die Mitarbeitenden gerade mit Privatgesprächen oder ihrem Handy beschäftigt waren, statt zu arbeiten.)

Wie können wir dem Kunden behilflich sein, das Problem zu lösen?

»Ich bedauere, dass ich Sie nicht schneller bedienen kann.«

»Kommen Sie eventuell auf dem Heimweg nochmals hier vorbei. Dann könnte ich alles fertig machen und Sie holen es abends ab.«

»Wir könnten das Dessert im Seminarraum servieren, dann können Sie pünktlich fortfahren.«

2. Der Kunde will einen früheren Liefertermin als vorgeschlagen

Kunde: »Das dauert mir zu lange.«

»Ich kann mich gerne nochmals bei unserem Lieferanten erkundigen, ob es eventuell schneller möglich wäre.«

»Ich kann vermerken, dass es Ihnen wichtig wäre, die Lieferung bis Ende des Monats zu haben. Ich möchte einfach vermeiden, dass Sie enttäuscht sind, falls es nicht klappt.«

»Ich kann Ihren Wunsch gut verstehen. Da nächste Woche die große Messe ist, können wir leider nicht früher liefern. Ich hoffe, dass Sie dafür Verständnis haben.«

3. Eigene Lieferanten haben nicht rechtzeitig geliefert

»Es tut mir leid, dass es länger als erwartet gedauert hat, bis Sie wieder von mir gehört haben. Ich musste noch offene Punkte abklären und habe selbst erst heute Morgen eine Antwort erhalten …«

»Ich habe leider bis jetzt die benötigte Antwort von unserem Lieferanten noch nicht erhalten.«

»Die speziell für Sie bestellten Teile sind leider noch nicht eingetroffen. Wir melden uns, sobald die Lieferung angekommen ist. Auf jeden Fall halten wir für Sie kurzfristig einen Montagetermin frei.«

»Wir bedauern, dass wir nicht termingerecht liefern können. Grund für die Verzögerung ist …«

»Wir wurden heute von unserem Lieferanten informiert, dass es in der Produktion eine Verzögerung von circa vier Wochen gibt. Es tut mir leid, Sie noch um etwas Geduld bitten zu müssen. Vielen Dank für Ihr Verständnis.«

»Es tut mir sehr leid, dass ich Ihnen keinen besseren Bescheid geben kann. Zum Zeitpunkt der Offerte war der Engpass nicht bekannt.« Oder: *»Es tut uns leid, dass diese Situation eingetreten ist. Leider konnten wir sie nicht beeinflussen.«*

»Es ist mir wirklich unangenehm, Sie nochmals um Geduld bitten zu müssen.«

4. Der Kunde verlangt nach einem ausverkauften oder nicht mehr angebotenen Produkt

Beispiel in einer Konditorei: »Warum haben Sie keine Erdbeertörtchen mehr?«

»Wir haben heute Morgen schon alle verkauft. Gerne lege ich aber morgen zwei Stück für Sie zurück, wenn Sie möchten.«

Im November: *»Wir legen Wert auf einheimische Frischprodukte, darum bieten wir momentan keine Erdbeertörtchen mehr an.«*

»Wir haben diese momentan nicht im Sortiment. Danke für Ihre Information. Ich nehme Ihren Wunsch gerne auf und leite ihn weiter.«

Beispiel in einem Restaurant: »Das ist mein Tisch, da sitze ich jeden Winter schon seit zehn Jahren.«

»Es tut mir leid, dass Sie heute nicht an Ihrem Lieblingstisch essen können. Gerne nehme ich Ihren Wunsch für Ihren nächsten Besuch bei uns auf.«
Oder: *»Gerne werde ich Ihren Lieblingstisch für morgen gleich für Sie reservieren.«*
Oder: *»Bitte rufen Sie uns doch bei Ihrem nächsten Besuch vorher an, dann können wir ihn rechtzeitig für Sie reservieren.«*
Oder: *»Es ist uns leider nicht möglich, Tische fest zu reservieren. Bitte haben Sie dafür Verständnis.«*

Oder generell:

»Ich werde mich informieren, warum wir dieses Produkt aus dem Sortiment genommen habe. Wie kann ich Sie erreichen?«

»Wir haben dieses Produkt aus dem Sortiment genommen, weil … Dafür kann ich ihnen folgende mindestens gleichwertige Alternative anbieten.«

5. Der Kunde äußert sich zu Dingen, die gar nichts mit dem Betrieb zu tun haben

Gewisse Äußerungen sind gar keine Reklamation, sondern nur eine Feststellung. Denn manchmal erwarten Kunden keine Handlung, sondern einfach einen verständnisvollen Menschen, der sie versteht oder ihren Unmut teil.

»Da haben Sie wirklich recht, die aktuelle Hitze ist schwer zu ertragen.«

»Ich kann Sie verstehen, die große Baustelle ist wirklich ein unangenehmes Hindernis.«

»Ja, die Parkplatzsituation in unserer Stadt wird wirklich immer unbefriedigender.«

6. Der Kunde äußert sich über betriebliche Aspekte, die Sie nicht ändern können

»Ich verstehe Ihren Wunsch gut, es wäre sicher für einige Kunden wünschenswert, wenn wir schon um 7.30 Uhr geöffnet hätten.«

»Momentan ist unsere Regelung, dass ... Gerne leite ich aber ihren Wunsch an die zuständige Stelle weiter.«

Verallgemeinernde Antwort

»Schade, dass Ihnen der Umbau nicht gefällt. Es ist natürlich auch für unsere Kunden eine Umstellung. Und es ist nicht einfach, etwas zu machen, das allen gefällt.«

»Mir persönlich gefällt er gut.«
oder
»Er wird im Allgemeinen sehr gelobt.
Aber die Geschmäcker sind natürlich verschieden.«

7. Der Kunde fragt Sie nach Ihrer persönlichen Meinung

Dem Kunden geht es häufig gar nicht darum, IHRE ehrliche Meinung zu wissen, sondern darum, Zustimmung oder Beratung zu erhalten. Mit einer diplomatischen Antwort ist man da immer gut dran:

Kunde: »Wie finden SIE denn die ganzen Neuerungen?«
»Ich musste mich anfangs auch an das neue System gewöhnen, sehe jetzt aber auch gewisse Vorteile.«
»Die Umstellung wird auch für mich nicht ganz einfach sein.«

Kunde: »Schmeckt die Kalbsleber?«
»Sie wird von unseren Gästen sehr gelobt.«
Oder wenn Sie »Pfui« gedacht haben: *»Ich selbst mag Innereien nicht besonders gerne, doch die Kalbsleber ist eine unserer meistgegessenen Spezialitäten und unsere Gäste schwärmen sehr davon.«*

8. Der Kunde fragt Sie etwas, was Sie nicht wissen

»Da muss ich mich kurz informieren, einen Moment bitte …«

»Wir haben unsere Kompetenzbereiche aufgeteilt. Ich hole Ihnen gleich die zuständige Kollegin.«

»Ich werde mich informieren und Sie so schnell wie möglich anrufen. Unter welcher Nummer kann ich Sie bis spätestens 17:00 Uhr erreichen?«

9. Der Kunde möchte Informationen, die Sie nicht geben dürfen

Kunde: »Ist Ihr Kollege immer noch krank? Was hat er denn?«

»Darüber weiß ich auch nicht genau Bescheid, bitte wenden Sie sich doch an meine Vorgesetzte.«

Kunde: »Ist Ihre Kollegin schwanger oder hat sie nur zugenommen?«

»Bitte fragen Sie sie doch direkt.«

Kunde: »War Herr Peters allein oder in Begleitung?«

»Wir dürfen generell keine Informationen über unsere Kunden weitergeben. Danke für Ihr Verständnis.« Oder: *»Bitte haben Sie Verständnis, dass ich mich darüber nicht äußern darf.«*

10. Sie müssen NEIN sagen

1. Verständnis zeigen und mit mindestens ein bis zwei Sätzen auf den Wunsch eingehen

»Ich kann Ihren Wunsch gut verstehen.«

»Ich würde Ihnen gerne entgegenkommen.«

»Ich kann Sie gut verstehen, es wäre auch mir lieb, wenn Sie möglichst wenig Umstände hätten.«

»Ich bedauere es sehr, dass ich Ihnen kein Ersatzgerät anbieten kann.«

»Ich verstehe Ihr Argument …«

2. Sachliche Erklärung

»Wir haben die Regelung, dass …«

»Aus Sicherheitsgründen ist es mir leider nicht erlaubt …«

»Aus Rücksicht auf unsere anderen Kunden …«

»Wir bieten dieses Produkt nicht mehr an, weil …«

»Wir dürfen da keine Ausnahme machen …«

11. Der Kunde ist von einer Regelung nicht überzeugt, die Sie auch nicht befürworten

Es ist schwierg, Kunden gegenüber eine Regel durchsetzen zu müssen, deren Sinn Sie selbst nicht verstehen oder die Sie selbst nicht gut finden. Doch auch wenn es nicht immer einfach ist, ist man als Mitarbeiter dazu verpflichtet, einen unternehmerischen Entscheid gegenüber den Kunden zu vertreten. Tut man das nicht, schließt der Kunde automatisch auf innerbetriebliche Probleme und sein Vertrauen in die Unternehmung leidet.

»Glauben Sie mir, ich verstehe Ihren Ärger vollkommen, wir haben jedoch die Regelung, dass …«

12. Der Kunde will Kollegen gegeneinander ausspielen

Kunde: »Bei Ihrer Kollegin ging das aber.«

Mitarbeiter: *»Das wundert mich. Wir sind eigentlich alle angehalten, nach den gleichen Regeln zu handeln.«*
»Das kann ich mir schwer vorstellen. Wir verhalten uns normalerweise in diesem Punkt alle gleich.«
»Ich bin verpflichtet, mich an die Hausregeln zu halten.«

13. Der Kunde vergleicht mit früher

»Das kann ich leider nicht beurteilen, weil ich damals noch nicht hier gearbeitet habe. Ich habe aber ebenfalls schon viel Gutes über die frühere Geschäftsleitung gehört.«

»Ja, das kann ich mir gut vorstellen. Es hat sich ja generell sehr viel verändert in den letzten Jahren. Unserer aktuellen Geschäftsführung ist wichtig, dass …«

14. Der Kunde vergleicht mit anderen Filialen der Unternehmung

»Ich kann mir gut vorstellen, dass dem so ist. Wir gehören zwar ins gleiche Unternehmen, aber es gibt auch Aspekte, die in den verschiedenen Filialen unterschiedlich gehandhabt werden.«

»Jede Filiale berücksichtigt auch regionale Gegebenheiten und Lieferanten, darum unterscheidet sich auch das Angebot.«

15. Der Kunde vergleicht mit Mitbewerbern

»Es stimmt, dass verschiedene Betriebe dieses Thema unterschiedlich angehen. Bei uns ist es so, dass wir …«

»Ich habe auch davon gehört, kenne aber die Situation bei XY zu wenig genau. Bei uns …«

16. Der Kunde äußert sich über Kollegen, Vorgesetzte oder andere Kunden

Kunde: »Gut, dass Sie wieder da sind, Ihre Vertretung war nie so gut wie Sie!«

»Ich freue mich auch, wieder hier zu sein und Sie wiederzusehen.«

»Wir beide sind natürlich auch schon länger aneinander gewöhnt, nicht wahr?«

Vielleicht können Sie auch sagen: *»Waren Sie mit etwas Konkretem unzufrieden?«*

Kunde: »Sie haben es auch nicht einfach mit so einem Chef.«

Eine diplomatische Antwort wäre: »*Ach, wissen Sie, das wird nicht so heiß gegessen, wie es gekocht wird.*«

Oder: »*Wissen Sie, wir kennen uns schon lange.*«
Oder: »*Wissen Sie, der Schein trügt …*«

17. Der Kunde spricht Sie auf Ihren Namen oder Ihr Aussehen an

Vielleicht haben Sie solche Bemerkungen über Ihren fremd klingenden Namen oder Ihre Hautfarbe schon oft gehört und ärgern sich darüber. Solche Äußerungen können als Provokation gemeint sein – oder auch nicht. Vielleicht entspringt die Frage auch einem ehrlichen Interesse. Manchmal kann man das gar nicht wissen. Doch in beiden Situationen bringt es mehr, ruhig und sachlich zu antworten.

Kunde: »Sie sind aber nicht von hier.«

Ihre ruhige Antwort: »*Nein, da haben Sie recht, meine Familie ist vor 15 Jahren aus dem Kosovo/aus Kenia eingewandert.*«

Oder: »*Doch – der Eindruck täuscht … ich bin hier geboren.*«

Wenn die Äußerungen diskriminierend sind:

»*Wenn Sie mit meinem Verhalten oder meiner Arbeit ein Problem haben, sagen Sie mir das bitte. Ich denke nicht, dass das mit meiner Nationalität oder meinem Geschlecht zu tun hat.*«

»*Wenn Sie sich mir gegenüber weiterhin so äußern, werde ich Sie nicht mehr bedienen.*«

18. Ich kenne Ihren Chef persönlich!

Unterdrücken Sie bitte den saloppen Spruch *»Ich kenne ihn auch!«*

»Er ist heute leider nicht im Hause. Darf ich ihm etwas ausrichten?« (Achten Sie darauf, nicht ironisch zu werden).

»Möchten Sie persönlich mit ihm sprechen? Ich könnte schauen, ob er einen Moment Zeit hat.«

19. Es ist ein Fehler passiert

»Da haben Sie völlig recht, da ist uns wirklich ein Fehler passiert.«

»Das tut mir wirklich sehr leid.«

»Ich kann Ihren Ärger gut verstehen.«

»Ich kann nichts tun, als Sie nochmals für die Umstände um Verzeihung zu bitten.«

»Das ist natürlich sehr unangenehm.«

»Da sind jetzt wirklich einige unglückliche Vorfälle passiert.

»Es tut mir leid, dass es nicht geklappt hat.«

»Es tut mir leid, dass bei uns ein Schaden entstanden ist. Wir werden ihn selbstverständlich sogleich beheben.«

»Es tut mir leid, Ihr Anruf wurde offensichtlich falsch weitergeleitet. Bitte geben Sie mir Ihre Nummer, dann wird der zuständige Kollege zurückrufen.«

»Es tut mir leid, ich hätte Sie über die zusätzliche Arbeit informieren sollen.«

»Entschuldigen Sie bitte, da ist uns (mir) wirklich etwas durchgegangen.«

»Es tut mir leid, dass wir uns in diesem Punkt falsch verstanden haben.«

»Lassen Sie uns gemeinsam schauen, was wir jetzt tun können.«

»Was kann ich tun, um den Fehler wiedergutzumachen?«

»Lassen Sie mich bitte kurz schauen, was wir Ihnen anbieten können.«

»Ich informiere sogleich meinen Vorgesetzten, der sich mit Ihnen in Verbindung setzen wird.

20. Der eine Kunde mag etwas – der andere will genau das Gegenteil

Wenn es zu dem Thema eine betriebliche Regelung gibt, geht es darum, die eine Partei an diese Regelung zu erinnern.

»Ich kann verstehen, dass Sie der Grillgeruch stört. Doch in unserem Park ist das Grillen ausdrücklich gestattet. Vielleicht könnten Sie sich auf eine vom Grillplatz weiter entfernte Bank setzen. Danke für Ihr Verständnis.«

Wenn dies nicht der Fall ist, kann nur an die Einsicht und Rücksichtnahme durch die eine oder durch beide Parteien appelliert werden:

»Darf ich Sie bitten, aus Rücksicht auf unsere anderen Kunden die Musik ein bisschen leiser zu stellen? Vielen Dank.«

»Ich werde sogleich mit der Gruppe sprechen. Bitte haben Sie aber auch etwas Verständnis, dass es bei jungen Leute auch ohne böse Absicht schnell etwas lauter wird. Vielen Dank.«

21. Der Kunde hält sich nicht an Regeln

»Ich muss Sie bitten, diese Vorgabe zu beachten.«

»Ich kann Ihren Wunsch verstehen, bitte Sie aber, sich an unsere Regelung zu halten.«

»Darf ich Sie bitten, aus Rücksicht auf unsere anderen Kunden …«

Eventuell können Sie auf Sicherheitsvorschriften, Gesetze, Feuerwehrpolizei etc. hinweisen.

22. Der Kunde hat Kinder, die sich nicht korrekt verhalten

Wenn es möglich ist, sprechen Sie die Kinder direkt an und bieten ihnen eine alternative Beschäftigung an:

»Schaut, hier gehen Leute durch und es kann gefährlich werden, wenn ihr da umherspringt.«

»Ich habe Malstifte und ein Spiel für euch. Was wollt ihr gerne haben?«

Wenn das nicht hilft, sprechen Sie die Eltern an:

»Darf ich Sie bitten, Ihre Kinder gut im Auge zu haben? Es kann sehr schnell etwas passieren!«

»Darf ich Sie bitten zu schauen, dass Ihre Kinder eine ruhigere Beschäftigung haben?«

»Es ist momentan sehr laut. Bitte haben Sie Verständnis für unsere anderen Kunden. Vielen Dank.«

23. Dem Kunden gefällt das bestellte Produkt nicht – er will nicht bezahlen

Dienstleister neigen dazu, sich in solchen Situationen vor allem zu rechtfertigen. Sinnvoller ist es, den Fokus auf folgenden Punkt zu lenken und lösungsorientiert zu handeln: Wie es auch immer dazu gekommen ist – Tatsache ist, dass dem Kunden das Produkt oder das Endresultat nicht gefällt. Die Frage ist, was getan werden kann, um ihn zufriedenzustellen. Je nachdem, um was es sich handelt und wie groß ein möglicher Verlust ist, kann da großzügiger oder weniger flexibel reagiert werden.

»Schade, dass Ihnen die Gartenkissen so wenig gefallen. Ich kann diese ausnahmsweise zurücknehmen und bei uns im Geschäft verkaufen.«

»Es tut mir sehr leid, dass Ihnen das Blau des neuen Badezimmers nicht gefällt. Auch wenn die Farbe ja genau dem Muster entspricht, kann ein Gesamteindruck immer ein wenig anders aussehen. Ich komme auf jeden Fall bei Ihnen vorbei. Vielleicht lässt sich ja mit einer anderen Beleuchtung oder einer andern Wandfarbe noch etwas korrigieren.«

24. Der Kunde behauptet etwas anderes, als mit ihm besprochen wurde

»Ich kann Ihren Wunsch verstehen. Ich habe mir aber nach unserer letzten Besprechung notiert, dass …«

»Da haben wir uns offensichtlich missverstanden. Ich habe mir gemerkt, dass Sie sagten …«

25. Der Kunde will kein Nein akzeptieren

»Ich bedauere, Ihnen da keinen besseren Entscheid geben zu können.«

»Leider darf ich da keine Ausnahme machen. Danke für Ihr Verständnis.«

»Schauen Sie, ich habe Ihnen bereits erklärt, warum wir Ihnen da nicht entgegenkommen können.«

»Ich kann nicht anders, als Sie diesbezüglich nochmals um Verständnis zu bitten.«

»Ich schlage vor, dass wir unser Gespräch an diesem Punkt beenden.«

26. Der Kunde will eine Bühne

In einem solchen Fall wird es kaum möglich sein, mit dem Kunden in einen ruhigeren Bereich zu gehen. Möglicherweise kann es gelingen, ihn dazu zu bringen, sich hinzusetzen. Im Sitzen tobt es sich bedeutend schwieriger als im Stehen!

In solchen Momenten ist es hilfreich zu wissen, dass die Sympathie der unbeteiligten Zuhörer im Allgemeinen immer beim Schwächeren ist oder bei der Person, die ruhig bleibt.

27. Der Kunde zweifelt Ihre Ehrlichkeit an

Merke: Lassen Sie sich nicht provozieren und fühlen Sie sich nicht gleich angegriffen.

»Ich weiß, dass ich Ihnen dieses Produkt verkauft habe, und bedauere sehr, dass es mangelhaft ist. Hätte ich das rechtzeitig erkannt, hätte ich Ihnen selbstverständlich nicht zum Kauf geraten.«

»Lassen Sie uns gemeinsam schauen, wie wir das Problem lösen.«

»Sie sind offensichtlich mit unserem Unternehmen und unseren Leistungen schon seit längerer Zeit nicht zufrieden.«

»Ich hole gleich etwas zum Schreiben und bitte Sie, mir zu sagen, was alles zu dieser Haltung geführt hat.«

Oder: *»Ich schlage vor, dass ich meine Vorgesetzte rufe und Sie mit ihr besprechen, was alles zu dieser Haltung geführt hat.«*

28. Sie zweifeln an der Ehrlichkeit des Kunden

Ein Kunde, den man zu Unrecht der Unehrlichkeit bezichtigt hat, wird einem das NIE verzeihen. Drum geht es in einem solchen Fall darum, vorsichtig abzuwägen:

- Wie groß ist die Wahrscheinlichkeit, dass die Kundenaussagen stimmen?
- Handelt es sich um einen regelmäßigen Kunden?
- Um was für einen Betrag geht es?
- Was sind die Konsequenzen, wenn man nachgibt?
- Was sind die Konsequenzen, wenn man dem Kunden den Zweifel mitteilt?

»Ich kann mir einfach schwer vorstellen, dass das bei uns so passiert sein kann …«

»Unsere Kollegin hat mir die Situation anders geschildert …«

»In meiner Erinnerung hat sich das Ganze anders abgespielt …«

»Auf jeden Fall müssen wir jetzt miteinander eine Lösung finden.«

Auf jeden Fall wird man diesen Kunden zukünftig im Auge haben, um zu sehen, ob es sich um einen Einzelfall handelt. Unehrliche Menschen versuchen in der Regel, ihre Strategie immer wieder anzuwenden.

29. Sie können nichts tun und möchten das Gespräch beenden

»Danke auf jeden Fall für Ihre Anregung. Ich nehme sie gerne auf und leite sie an die zuständige Stelle weiter.«

»Ich mache mir auf jeden Fall eine Notiz, damit wir dies bei Ihrem nächsten Kauf beachten.«

Und zu guter Letzt:

30. Der Kunde findet das Angebot zu teuer

Von »Da können Sie doch sicher noch etwas machen?« bis »Ihre Preise sind eine Frechheit« …

Sobald die Kostenfrage aufkommt, gehen viele Dienstleister sofort in die Rechtfertigungsposition. Dabei ist das gar nicht immer nötig und häufig auch nicht sinnvoll.

Hier eine kleine Auswahl möglicher Antworten:

»Ich kann Sie verstehen. X Euro ist auf den ersten Blick eine stolze Summe / ein rechter Betrag.«

»Ich kann Sie verstehen, auch ich erschrecke manchmal, wenn ich sehe, wie teuer die Dinge heute sind.«

»Darf ich fragen, womit Sie den Preis vergleichen?«

»Mit was für Kosten hatten Sie ungefähr gerechnet.«

»Die Kosten setzen sich folgendermaßen zusammen: …«

Weisen Sie auf gute Qualität und Nachhaltigkeit hin:

»Bitte bedenken Sie, dass in dem Preis auch folgende Leistungen inbegriffen sind: …«

»Gerade weil der Preis im Vergleich zu den Mitbewerbern etwas höher ist, können wir aber auch … gewährleisten.«

»Wir sind einerseits etwas teurer als die Mitbewerber, dafür bieten wir aber auch …«

Oder – wenn es passt – mit Humor:

»Wir sind teuer, aber gut!«

»Ja … aber mit viel Liebe gemacht!«

»Meine Spitzengage muss natürlich auch bezahlt werden!«

»Irgendwie muss unser Chef seinen Ferrari finanzieren.« (Aber nur, wenn er keinen hat!)

6. Spannende Begegnungen mit verschiedensten Kunden

1. Zeit ist Geld – der immer Ungeduldige
2. Geiz ist geil – der Schnäppchenjäger
3. »Endlich mal einer, der mir zuhört« – der Vielreder und Sorgenerzähler
4. Nett, aber mühsam – der Umständliche und Unentschlossene
5. Die immerselbe Leier – der Hartnäckige
6. »Erzählen Sie mir nichts« – der Besserwisser, der Möchtegern-Fachmann
7. »Mein Fachgebiet« – der echte Spezialist
8. »Heute so – morgen so« – der Unberechenbare
9. »Ich bin nicht ganz bei mir« – der Kunde unter Alkohol- oder Drogeneinfluss
10. »Ich muss mal …« – der Kunde, der kein Kunde ist
11. Gerade noch geschafft! – der »Fünf Minuten vor Feierabend«-Kunde
12. ZDF (Zahlen, Daten, Fakten) – der nur Rationale
13. »Tun Sie was!« – der Polizist
14. »Haben Sie keinen Humor?« – der Sprücheklopfer
15. »Die Welt ist schlecht« – die misstrauische Auster
16. »Das steht mir zu« – der einfordernde Stammkunde
17. Elefant im Porzellanladen – der Taktlose
18. Ein Haar in der Suppe – der nörgelnde Perfektionist
19. »Ich explodiere!« – der Kunde »Dampfkochtopf«
20. »Ich bin der Größte« – der dominante Kunde
21. »Ich bin schlauer als ihr« – der unehrliche Kunde
22. »Alles wunderbar« – der heimliche Rächer
23. »Wie wär's mit uns beiden?« – der aufdringliche Kunde

Dienstleister haben es mit den verschiedensten Menschen zu tun. Da gibt es natürlich auch den einen oder anderen »Energievampir«. Mit diesem Begriff bezeichnet man Menschen, die sich so verhalten, dass ihre Gegenwart andere schwächt, belastet, ärgert oder ermüdet. Das wird häufig gar nicht so bewusst wahrgenommen.

Dabei kann unterschieden werden zwischen:

1. Personen, die wir als »nett, aber mühsam« bezeichnen würden.

2. Personen in einem besonderen Zustand oder einer besonderen Situation, die dadurch schwierig werden (zum Beispiel betrunkene oder kranke Kunden).

3. Personen, denen es völlig egal ist, ob sie sympathisch wirken oder nicht.

Die ersten beiden Gruppen begegnen uns nicht mit böser Absicht und haben darum auch ein gewisses Verständnis verdient. Bei der selteneren dritten Spezies geht es darum, uns abzugrenzen – innerlich oder je nach Situation auch mit Worten. Einerseits sollen wir selbst durch ein solches Verhalten nicht Schaden nehmen, andererseits soll aber auch der Kunde merken, wie weit er gehen kann und welches Verhalten nicht geduldet wird.

1. Zeit ist Geld – der immer Ungeduldige

Was wir UNS sagen können:

Dieses Grundmuster ist in der Persönlichkeit begründet und kann nicht einfach so verändert werden. Es geht darum, sich nicht verunsichern zu lassen – seine Ungeduld muss nicht heißen, dass ich zu langsam arbeite!

Ungeduldige Menschen fürchten ganz besonders, übersehen zu werden, sodass möglicherweise ein anderer vor ihnen bedient wird! Drum: Blitzschnell kurzen Blickkontakt mit dem Kunden aufnehmen und durch ein Kopfnicken und Lächeln zu erkennen geben, dass man ihn gesehen hat.

Was wir IHM sagen können:

»Ich bin so schnell wie möglich bei Ihnen.«

»Danke für Ihre Geduld. Sie mussten jetzt wirklich lange warten.«

»Ich weiß, wie wichtig es Ihnen ist, schnell bedient zu werden.«

»Eine schnelle Abwicklung ist Ihnen ja immer sehr wichtig.«

»Erfahrungsgemäß haben wir jeweils gleich nach der Mittagszeit am wenigsten Kunden. Wenn Sie es einrichten könnten, zu dieser Zeit zu kommen, müssten Sie bei Ihrem nächsten Besuch nicht so lange warten.«

»Wenn Sie mir das nächste Mal telefonisch Bescheid sagen oder eine Mail schicken, kann ich Ihren Einkauf schon bereitstellen und sie brauchen nur noch zu bezahlen.«

2. Geiz ist geil – der Schnäppchenjäger

Was wir UNS sagen können:

Ursprünglich war in unseren Breitengraden das Verhandeln in Geschäften nicht üblich. Doch ist da momentan ein Wandel im Gange. Auch bei uns werden beispielsweise im Baugewerbe mehrere Offerten eingeholt, um sich dann, vor allem aufgrund des Preises, für einen Anbieter zu entscheiden. Auch die vielfältigen Auktionen im

Internet verleiten Kunden dazu, auch in anderen Branchen abzutasten, ob bei den Preisen ein Handlungsspielraum gegeben ist. Das ist für die Mitarbeitenden, die sich noch nicht so daran gewöhnt haben, eher unangenehm. Für gewisse Kunden ist das Handeln um den besten Preis ein Spiel, zu dem sie uns einladen. Die meisten wollen den Mitarbeitenden nicht das Leben schwer machen, sondern einfach austesten, wie weit sie gehen können.

Auch im Umgang mit Kunden aus anderen Kulturen sollten wir daran denken, dass das Verhandeln in vielen Ländern die gängige Methode ist – und zwar bei jedem Produkt. Diese Methode versuchen sie natürlich auch bei uns zu praktizieren.

> *»Dass ich verhandle, heißt nicht, dass ich ein armer Mann bin. Es heißt, dass ich fähig bin, mein Geld zusammenzuhalten.«*
>
> *Inder im Film* Madame Mallory und der Duft von Curry

Was wir IHM sagen können (falls wir keinen Verhandlungsspielraum haben):

»Unsere Preise sind fix. Aus diesem Grund kann ich Ihnen da leider nicht entgegenkommen.«

»Schauen Sie, wenn wir ins Geschäft kommen, muss es ja für uns beide stimmen. Aus diesem Grunde ist es mir nicht möglich, Ihnen noch weiter entgegenzukommen.«

3. »Endlich mal einer, der mir zuhört« – der Vielreder und Sorgenerzähler

Kunden haben möglicherweise mehr Zeit als Sie. Sie sind vielleicht sogar sehr nett, aber belegen Mitarbeiter mit Beschlag und erzählen Ihnen möglicherweise ihre halbe Lebensgeschichte. Je nach Betriebszweck Ihrer Firma (Altersheim, Apotheke, Reformgeschäft) ziehen Sie diese Kundengruppe auch ganz besonders an.

Wer aus dem Gespräch flüchten möchte, tut gut daran, sich körperlich leicht abzuwenden, während man immer noch zuhört. So realisiert der Kunde möglicherweise, dass man weiterarbeiten muss.

Was wir UNS sagen können:

Eigentlich ist es ein Kompliment und beweist Vertrauen, dass Kunden mich immer wieder aussuchen. Ich muss aber rechtzeitig meine Grenzen ziehen, sonst werde ich immer stärker mit Beschlag belegt.

Was wir IHM sagen können:

»Bitte entschuldigen Sie mich. Ich unterhalte mich gerne mit Ihnen, doch habe ich heute noch viel Arbeit zu erledigen.«

»Es tut mir leid, ich weiß, dass ich Ihnen nicht so viel Zeit widmen kann, wie Sie es eigentlich gerne hätten. Bitte haben Sie Verständnis dafür.«

4. Nett, aber mühsam – der Umständliche und Unentschlossene

Was wir UNS sagen können:

Es gibt Kunden, die die Geduld von Dienstleistern, vor allem wenn viel zu tun ist, stark strapazieren.

»Es gibt kein Menschenrecht auf Effizienz«, sagt Henriette Kuhrt.

»Ich trainiere meine Geduld.«

»Ich bin in diesem Bereich Fachmann, er nicht.«
»Ich leiste einen sozialen Beitrag.«

Die entscheidende Frage ist:

- Kann die Person das Verhalten, das mich irritiert, überhaupt verändern?
- Kann ich ihr / sein Verhalten beeinflussen, indem ich die Problematik anspreche?
- Muss ich wohl mit dieser Situation leben?

Auch wenn diese Kunden etwas mehr Zeit und Energie brauchen als andere, lohnt es sich, die Zeit zu investieren. Ansonsten fühlen sich diese Kunden nicht ernst genommen, werden noch umständlicher und wiederholen sich.

Was wir IHM sagen können:

»Lassen Sie sich ruhig Zeit (nicht ironisch!). *Ich werde, wenn Sie erlauben, schnell einkassieren – und bin gleich wieder bei Ihnen.«*

Bei Unentschlossenen kann es sinnvoll sein, Entscheidungshilfen zu bieten oder eine eigene Meinung einzubringen.

»Wie häufig werden Sie das Gerät brauchen? Wollen Sie es nur in der Wohnung oder auch draußen verwenden?«

»Ich an Ihrer Stelle würde …«

»Meine Mutter hat dieses Gerät und ist sehr zufrieden damit.«

»Nehmen Sie doch ein Gerät mit, probieren Sie es aus und falls Sie nicht zufrieden sind, können Sie es innerhalb von zwei Wochen bei uns umtauschen.«

5. Die immerselbe Leier – der Hartnäckige

Was wir UNS sagen können:

Bei jedem Besuch äußert dieser Kunde den gleichen Kommentar oder die gleiche Beschwerde. Er verfährt vielleicht nach der Methode »Steter Tropfen höhlt den Stein« und hofft, irgendwann das zu bekommen, was er gerne möchte. Oder er ist sich dieser Wiederholungen gar nicht bewusst.

Ein Kunde, der immer wieder das Gleiche sagt, fühlt sich nicht verstanden – auch wenn wir schon längst zu wissen glauben, was er von uns möchte!

Was wir IHM sagen können:

Je nach Situation könnten folgende Reaktionen Sinn machen:

- Höflich und geduldig jedes Mal die gleiche abschlägige Antwort geben (zum Beispiel wenn der Kunde jeweils selbst wieder vergisst, dass er die Frage gestellt hat), oder:
- *»Ich weiß, dass Ihnen dieses Anliegen sehr wichtig ist. Wir haben ja auch schon wiederholt miteinander darüber gesprochen. Doch leider kann ich Ihnen auch heute keinen anderen Bescheid geben.«*
- *»Danke für Ihren Hinweis. Wie Sie wissen, habe ich Ihren Wunsch intern weitergeleitet. Wir sind aber informiert worden, dass wir dieses Vorgehen beibehalten werden, weil …«*
- *Es ist mir unangenehm, Ihnen immer wieder den gleichen Bescheid geben zu müssen.«*
- *»Ich habe Ihre Anregung auch schriftlich festgehalten und bei meinem Vorgesetzten deponiert.«*
- *»Wie Sie wissen, haben wir ja schon wiederholt über dieses Thema gesprochen. Bestimmt wird sich diesbezüglich im nächsten Jahr nichts ändern.«*

➤ *Wir haben Ihren Wunsch im Team besprochen und haben dagegen entschieden, diesen Punkt zu verändern. Danke, dass Sie dafür Verständnis haben.«*

6. »Erzählen Sie mir nichts« – der Besserwisser

Kunde: »Ich bin auch aus der Branche«. Oder: »Ich habe auch mal im Service gearbeitet.«

Was wir UNS sagen können:

Dieser Kunde möchte seine Überlegenheit zeigen, sei es gegenüber den Mitarbeitenden, sei es gegenüber seiner Begleitung. Dabei geht es ihm zumeist darum, sich selbst als kompetent darzustellen. Ihm zu widersprechen oder ihn zu belehren führt zu einem Machtkampf, der niemandem etwas bringt. Am einfachsten hat man es wohl mit ihm, wenn man ihm die Bestätigung gibt, die er so dringend zu brauchen scheint.

Was wir IHM sagen können:

»Oh, interessant. Dann werden Sie sicher ganz besonders verstehen, dass …«

»Da möchte ich Sie nicht von etwas überzeugen, das Sie anders handhaben würden. Was wäre Ihr Vorschlag?«

»Ah ja? Da waren Sie sicher auch schon in der Situation, dass …«

»Ah ja? Was würden Sie an meiner Stelle tun?«

»Es gibt ja immer verschiedene Wege nach Rom. Ich persönlich habe es so gelernt, dass …«

7. »Mein Fachgebiet« – der echte Spezialist

Was wir UNS sagen können:

Dieser Kunde hat sich eventuell mit einem Produkt intensiver befasst als man selbst. Häufig ist gar nicht der Kunde das Problem, sondern die eigene Verunsicherung. Es kann am Selbstbewusstsein kratzen, wenn man sich eingestehen muss, dass die Fachkompetenz des Kunden die eigene übersteigt. Doch sollten wir uns erinnern, dass man selbst meist über eine große Angebotspalette Bescheid wissen muss. Da ist es verständlich, dass das Detailwissen über einzelne Produkte möglicherweise geringer ist. Meistens sind die Fachkenntnisse des Kunden für ihn ein Hobby und er möchte Wertschätzung dafür, dass er sich in dem Thema so gut auskennt.

Was wir IHM sagen können:

»Ich finde es beeindruckend, was Sie alles über das Produkt wissen.«

»Ich sehe, Sie sind da wirklich Fachmann und haben sich sehr detailliert mit der Thematik befasst. Das ist natürlich auch für mich interessant, mit jemandem wie Ihnen zu diskutieren (nur wenn's stimmt).«

»Sie werden ja vermutlich meine Beratung kaum benötigen, weil Sie sich selbst schon so gut auskennen.«

8. Heute so, morgen so – der Unberechenbare

Eine schwierigere Gruppe Menschen ist diejenige, bei der man nie sicher sein kann, wie sie einem begegnet. Einmal sind sie laut und polternd, einmal lammfromm. Einmal sind sie zufrieden und dankbar, ein anderes Mal schimpfen sie nur, einmal in sich gekehrt und dann wieder kontaktfreudig und leutselig.

Was wir UNS sagen können:

»Ich bin gespannt, heute ist sicher ein guter Tag.«

Was wir IHM vielleicht in einem guten Moment sagen können:

»Wissen Sie, es ist für uns manchmal gar nicht so einfach. Wir erleben Ihre Besuche sehr unterschiedlich, sodass wir manchmal richtiggehend angespannt sind, wenn wir sehen, dass Sie kommen. Können Sie das verstehen?«

Doch gibt es in dieser Kundengruppe natürlich auch Personen, bei denen jegliches vernünftige Gespräch zwecklos ist. In diese Gruppe gehören auch Personen mit ernsthaften gesundheitlichen Beeinträchtigungen, die sich darüber aber vielleicht selbst gar nicht bewusst sind.

9. »Ich bin nicht ganz bei mir« – der Kunde unter Alkohol- oder Drogeneinfluss

Betrunkene Kunden sind in diesem Zustand wohl »voll« – aber nicht voll bei sich. Je nach Art oder Standort des Betriebs können Sie es immer wieder mit angeheiterter Klientel zu tun haben. Nehmen wir an, Sie arbeiten an einem Messestand. Dann kennen Sie die Probleme mit betrunkenen Horden zur Genüge. Meist sind es ja ansonsten unbescholtene Zeitgenossen, die einmal im Jahr über die Stränge schlagen. Selbstverständlich setzen Sie diesen Gästen klare Grenzen, wenn sie sich daneben benehmen.

Entscheidend dabei ist, welchen Ton wir anschlagen. Je weniger jemand den Inhalt unserer Worte versteht, desto wichtiger ist die Art und Weise, wie wir mit ihm sprechen. Bemühen Sie sich um einen strengen, aber wertschätzenden Ton. Betonen Sie, dass Sie ihm HEUTE keinen Alkohol mehr ausschenken oder ihn HEUTE nicht mehr bedienen möchten, dass er aber an einem anderen Tag willkommen sei.

Da die Person ja im Moment nicht im Vollbesitz ihrer geistigen Kräfte ist, sollte es uns wirklich gelingen können, uns nicht allzu sehr über sie aufzuregen.

10. »Ich muss mal …« – der Kunde, der kein Kunde ist

Was wir UNS sagen können:

Wir alle haben uns schon in Situationen befunden, in denen wir auf die Hilfsbereitschaft eines Menschen angewiesen waren, obwohl wir nicht zu seinen Kunden gehört haben. Das war uns meist selbst peinlich. Umso deutlicher bleibt es haften, wenn uns der Dienstleister behilflich war, unser Problem zu lösen. Vielleicht sind wir gerade durch eine solche Geste zu seinen Kunden geworden.

Der Rucksacktourist, der im 5-Sterne-Hotel nach einer Auskunft fragt, muss kein armer Mann sein und kommt vielleicht bei anderer Gelegenheit zurück. Wer zur Toilette muss oder Geld für die Parkuhr braucht, hat zumindest ein Geschäft schon einmal betreten.

Doch hat dies natürlich auch seine Grenzen:

> Die Betreiber der Autobahnraststätte mussten handeln, weil ganze Autobusse mit Hunderten von Personen täglich bei ihnen anhalten, mit dem einzigen Ziel, dass die Passagiere die unentgeltlichen Toiletten aufsuchen können.
> Die Optikerin ärgert sich, dass täglich viele Leute auf ihren Parkplätzen parken, die »nur kurz« in die Konditorei mit Kaffeehaus wollen.

Im zweiten Beispiel gilt der aufsteigende und mit der Zeit große Ärger nicht der einzelnen Person, sondern der Häufigkeit der Vorkommnisse. Wer einmal dort parkt, hat nur ein kleines Vergehen begangen und wird eine große Schimpftirade nicht nachvollziehen können.

Was wir IHM sagen können:

Beispiel Toilette im Einzelfall: »*Wir haben keine Kundentoilette. Ausnahmsweise dürfen Sie aber die Mitarbeitertoilette benutzen.*«

Beispiel Optikerin: Statt: »*Haben Sie eigentlich keine Augen im Kopf? Auf dem Schild steht ausdrücklich »Optiker«!*
Besser: »*Danke, dass Sie bei Ihrem nächsten Besuch der Konditorei Ihren Wagen auf der anderen Straßenseite abstellen. Offensichtlich haben Sie das Schild übersehen. Oder brauchen Sie vielleicht eine neue Brille?*«

> In vielen deutschen und unterdessen auch Schweizer Städten erfreut sich das Projekt »Nette Toilette« zunehmender Beliebtheit. Dabei stellen Gastronomiebetriebe ihre Toilettenanlagen der Bevölkerung kostenlos zur Verfügung und erhalten im Gegenzug von der Stadt eine pauschale Entschädigung für die Reinigung. Die Stadt muss dadurch nicht in weitere Toilettenanlagen investieren, die Bevölkerung profitiert von mehr und gepflegteren WC 's und die Gastronomiebetriebe von einer finanziellen Entschädigung und einem Werbeeffekt.

11. Gerade noch geschafft – der »Fünf-Minuten vor Feierabend«-Kunde

Was wir UNS sagen können:

Dieser Kunde neigt vermutlich in allen Bereichen seines Lebens dazu, etwas auf den letzten Drücker zu machen. Das gibt ihm regelmäßig das gute Gefühl, es doch noch geschafft zu haben. So erreicht er das Geschäft regelmäßig in großer Eile erst ganz kurz vor Geschäftsschluss. Er ist sich nicht bewusst, dass die Mitarbeitenden seinetwegen länger bleiben müssen. Wenn dies zur Gewohnheit wird, macht es sicher Sinn, das Verhalten anzusprechen. Vielleicht könnte auch eine Führungskraft das Gespräch führen.

Was wir IHM sagen können:

»Herr Müller, ich hätte eine Bitte an Sie. Sie wissen, dass wir alle Sie gerne bedienen. Doch wenn Sie kurz vor unserem Ladenschluss ins Geschäft kommen, sind wir alle innerlich in Eile, weil wir noch alles aufräumen, putzen und abschließen sollten. Drum würden Sie uns einen großen Gefallen tun, wenn Sie jeweils spätestens um 19.30 Uhr zum Einkaufen kommen könnten. Dann können wir uns auch noch wirklich gut um Sie kümmern. Vielen Dank für Ihr Verständnis.«

12. ZDF (Zahlen, Daten, Fakten) – der Nur-Rationale

Wer einen Beruf im Kundenkontakt wählt, ist im Allgemeinen freundlich, menschlich und emotional. Er freut sich, anderen zuliebe etwas zu tun, und hat für viele und vieles Verständnis. Dabei hat er mit Menschen, die völlig anders ticken als er selbst eher Mühe und lässt sich auch schnell verunsichern. Zu diesen gehören typischerweise die Personen, die mit einer mehrheitlich rationalen Brille durch die Welt gehen. Sie lassen sich wenig von Gefühlen leiten, reagieren selten mit Begeisterung, sondern beurteilen ein Produkt nur nach rein sachlichen Aspekten. Diese Kunden zeigen wenig Begeisterung und lächeln wenig. Äußern sie Kritik, dann ist diese nie als persönlicher Angriff gemeint.

Was wir UNS sagen können:

- Habe ich meine sachlichen Argumente gut überlegt?
- Ist meine Argumentation klar, knapp, kurz?
- Vermeide ich in meiner Gesprächsführung Ausdrücke, die als Übertreibung oder Gefühlsduselei abgetan werden können?
- Nicht »überverkaufen« und NOCH begeisterter wirken, als wir es sind!
- Seine Einwände sind nicht persönlich gemeint, also sollte ich sie auch nicht so aufnehmen.
- Bei diesem Kunden ist es ratsam, nicht zu viel zu lächeln!

Was wir IHM sagen können:

»Bei diesem Produkt haben Sie folgende Vor- und Nachteile: …«

»Beachten Sie bitte diese vier Punkte: …«

13. »Tun Sie was!« – der Polizist

Man sagt, die Schweiz sei ein Land voller Polizisten!

… weil es in unserem Land ganz besonders viele Menschen geben soll, die peinlich genau darauf schauen, dass sich die anderen an Regeln und Vorschriften halten. Viele kommentieren das Verhalten anderer offen, andere tun das vor allem hintenherum und versuchen so, ihre Mitmenschen auf den Weg der Tugend zu bringen. Das kann zu unangenehmen Situationen führen, wenn ein Kunde vom Dienstleister verlangt, für »Zucht und Ordnung zu sorgen«.

Kunde: »Haben Sie gesehen? Der Kunde hat eine Zigarette in der Hand und hier drinnen ist Rauchverbot.«

Antwort: »Danke für Ihre Information, ich werde mich darum kümmern.«

Zum rauchenden Gast: »Darf ich Sie bitten, aus Rücksicht auf unsere anderen Gäste …« Oder: »Das Rauchen in diesem Bereich ist aus feuerpolizeilichen Gründen nicht gestattet. Ich bringe Ihnen sogleich einen Aschenbecher, dann können Sie Ihre Zigarette auf der Terrasse genießen. Danke für Ihr Verständnis.«

Im Raucherbereich. Kunde: »Es ist grässlich, der Rauch des anderen Tisches zieht genau zu uns hinüber.«

Antwort: »Danke für Ihre Information. Es tut mir leid, dass der Rauch Sie belästigt. Da aber in diesem Bereich der Terrasse das Rauchen ausdrücklich erlaubt ist, kann ich nichts anderes tun, als Ihnen einen anderen Tisch anzubieten.« Oder: » ... Sie um Verständnis zu bitten.«

Kunde: »Haben Sie gesehen, der Mann da vorne hat seinem Kind aus der Tasche Apfelschnitze gegeben, dabei ist Picknicken hier verboten.«

Antwort: »Danke für Ihre Information. Doch bei uns gilt: Keine Regel ohne Ausnahme. Die Zwischenverpflegung von kleinen Kindern gehört zu den von uns akzeptierten Ausnahmen.«

14. »Haben Sie keinen Humor?« – der Sprücheklopfer

Wer sich auf Kosten anderer lustig macht, wählt gerne Personen aus, die sich nicht wehren können. So trifft es häufig Servicekräfte – und vor allem jüngere oder unsichere. Kommt es einmal vor, ist man vermutlich im Moment überrumpelt. Doch macht es dann Sinn, sich eine gute Antwort zurechtzulegen, auf die man bei nächster Gelegenheit zurückgreifen kann. Die beste Waffe ist immer noch, wenn man humorvoll zurückgeben kann und so zeigt, dass man über der Sache steht.

Kunde: »Sind Sie eigentlich so blöd, wie Sie aussehen?«

Antwort lachend: »Ja, das habe ich mich auch schon gefragt.« Oder: »Sorry – ich bin blond und eine Frau!«

Kommt es immer wieder vor und leidet man darunter, macht es sicher Sinn, das Problem im richtigen Moment in Ruhe mit dem Kunden anzusprechen.

»Ich möchte nicht, dass Sie so über mich reden. Aus Anstand bin ich dann jeweils ruhig, aber es verletzt mich, wenn über mich gelacht wird. Bestimmt würden Sie das Gleiche empfinden. Danke für Ihr Verständnis.«

Kunde: »Seien Sie doch nicht so überempfindlich.«

Mitarbeiter: »Ich sehe es eigentlich nicht als Nachteil, sensibel zu sein.«

Solche Kunden finden sich selbst lustig und werden häufig mit sachlichen Aussagen nicht erreicht.

Was wir UNS sagen können:

Stellen Sie den Kunden möglichst nicht vor andern bloß. Vermutlich macht es Sinn, im ersten Moment gute Miene zum bösen Spiel zu machen. Dann kann man bis zum nächsten Kontakt in Ruhe das weitere Vorgehen überlegen.

Was wir IHM sagen können:

Falls möglich, sprechen Sie ihn allein an:

»Mir ist in allen Kontakten der gegenseitige Respekt sehr wichtig. Wenn Sie sich auf meine Kosten lustig machen, fühle ich mich nicht respektiert. Ich bitte Sie, dies zukünftig zu unterlassen.«

»Sie gehen mit Ihren Sprüchen zu weit. Ich erwarte, dass Sie diese Art Sprüche zukünftig unterlassen. Ansonsten werde ich Sie nicht mehr bedienen.«

Sollte man sich allein der Situation nicht gewachsen fühlen, ist es angebracht, die eigene Führungsperson um Unterstützung zu bitten.

Humor ist, wenn ALLE lachen können!

15. »Die Welt ist schlecht« – die misstrauische Auster

Es gibt Menschen, die davon überzeugt sind, die Welt sei voller schlechter Menschen und Betrüger, die es nur darauf abgesehen haben, ihnen etwas zuleide zu tun.

»Heute würde ich Ihnen unseren wunderbaren Fisch empfehlen.«
Kunde: »Wieso ... muss der weg?«

»Ich würde Ihnen raten ...«
Kunde: »Ich lasse mir von Ihnen nichts aufschwatzen.«
»Sie wollen mich sowieso nur über den Tisch ziehen.«

In solchen Situationen liegt die Gefahr, dass man sich als Dienstleister ungerecht behandelt fühlt. Schließlich hat man es ja nur gut gemeint. Doch können einem diese Menschen eigentlich leidtun, weil ihre Lebenseinstellung es ihnen immer erschweren wird, wirklich glücklich zu sein.

Diese Grundhaltung zeigt sich auch in anderen Situationen, beispielsweise wenn sie eine Aussage völlig anders aufnehmen, als sie gemeint war:

»Ist Ihnen übrigens aufgefallen, dass Ihre Jahreskarte Ende dieser Woche abläuft?«
Kunde: »Für wie blöd halten Sie mich eigentlich?«

Was wir UNS sagen können:

Der Arme! Sein Verhalten habe ich nicht verdient.

Was wir ihm sagen können:

»Schade, wenn Sie das so sehen.«

»Das war eigentlich nicht meine Absicht.« Und danach sollten Sie ruhig und gelassen das Thema wechseln.

16. Das steht mir zu – der einfordernde Stammkunde

Jeder Betrieb ist froh, auf einen Personenkreis regelmäßig wiederkehrender Kunden zählen zu können. Diese erhalten als Belohnung für Ihre Treue häufig zusätzliche kostenlose Dienstleistungen. Die einen schätzen diese freiwillige Gesten, für andere werden diese mit der Zeit selbstverständlich, und so fordern sie sie immer mehr ein. Da geht es darum, sich darüber klar zu werden, was man bereit ist, diesen Kunden weiterhin zukommen zu lassen, und wo man als Betrieb Grenzen ziehen will – auf das Risiko hin, den Kunden möglicherweise zu verlieren.

Was wir UNS sagen können:

Wir halten alle Wünsche und Anforderungen des Kunden, die er bei allen Mitarbeitenden während einer bestimmten Zeit gestellt hat, schriftlich fest. Die Geschäftsleitung soll dann entscheiden, ob sie gewillt ist, dem Kunden alle zusätzlich eingeforderten Dienstleistungen weiterhin zu gewähren. Wenn ja, werden wir das akzeptieren müssen und damit leben. Wenn nein, wird jemand das Gespräch mit dem Kunden suchen und erklären, welche Zusatzleistungen nicht mehr gewährt werden können (siehe auch »Kann man Kunden erziehen?« in Kapitel 4).

Was wir IHM sagen können:

»Sie sind ja eine unserer langjährigen Kundinnen und wir schätzen Ihre Treue sehr … Es ist uns aber auch wichtig, unsere Kunden gleich zu behandeln. Danke, dass Sie dafür Verständnis haben.«

»In diesem Punkt ist es uns leider nicht möglich, eine Ausnahme zu machen.«

17. Elefant im Porzellanladen – der Taktlose

> *»Taktlosigkeit ist der lästigste und widerwärtigste der menschlichen Fehler, denn du kannst dich nicht gegen sie verteidigen, nicht einmal durch Grobheit.«*
>
> *Anselm Feuerbach*

Taktlosigkeit ist der Beweis für mangelndes Einfühlungsvermögen und für eine unterentwickelte Fähigkeit, Situationen ganzheitlich einzuschätzen.

»An Ihnen sind die Jahre auch nicht spurlos vorbeigegangen.«

»Ah, arbeiten jetzt auch Bauerntrampel hier?«

»Sie sind doch ein ganz kluges Mädchen, Sie hätten sicher auch etwas Besseres lernen können.«

Was wir UNS sagen können:

»Ich entscheide selbst, wer das Recht hat, mich zu ärgern, DU gehörst da nicht dazu.«

Was wir IHM sagen können:

Lächeln: *»Wenn Sie meinen.«*

»Da haben Sie sicher recht.«

»Das wird schon so sein.«

18. Haar in der Suppe – der nörgelnde Perfektionist

»Sie haben Glück, unser schönster Tisch auf der Terrasse ist frei.«
Kunde: »Da hat es Mücken.«

Es gibt Menschen, die in fast jeder Lebenssituation spontan nicht das Schöne, Tolle, Positive anspringt, sondern die Nachteile, Probleme, Schwierigkeiten und Risiken. Für diese Haltung können sie nichts. Ihr Gehirn ist über Jahre so programmiert. Diese Prägung entsteht häufig schon in der Kindheit.

Diese Menschen haben eine »Glas halb leer«-Haltung. Man könnte sie auch als nörgelnde Perfektionisten bezeichnen. Nörgelnde Perfektionisten erkennen ihre Grundhaltung selbst nicht. Es ist einfach ihre Art, die Welt zu sehen. Wenn sie sich beschweren, wollen sie meist keinen Vorteil für sich herausschinden. Sie wollen vor allem den Missstand feststellen. Ihre Äußerungen sind meist inhaltlich gesehen richtig – es ist eher die große Bedeutung, die ein nörgelnder Perfektionist einem Detail beimisst, die von anderen nicht immer nachvollzogen werden kann.

Was wir UNS sagen können:

»Er ist halt ein »Glas halb leer«-Mensch. Schade FÜR IHN!«
»Er sagt mehr über SICH aus als über UNS.«

Was wir IHM sagen können:

»Danke für die Information.«

»Wir werden den Punkt beheben.«

»Ich gehe der Sache nach.«

»Ich werde Ihre Aussage sogleich der zuständigen Stelle weiterleiten.«

19. »Ich explodiere« – der Kunde ›Dampfkochtopf‹

Kennen Sie sympathische und liebenswerte Menschen, die dazu neigen, bei auftretenden Problemen spontan laut zu werden, Türen zuzuknallen oder mit der Faust auf den Tisch zu schlagen? Wenn ja, dann wissen Sie auch, dass im Umgang mit diesen Personen ein paar heftige Worte, ein stimmliches Gewitter nicht sogleich den Weltuntergang bedeutet oder, anders ausgedrückt, dass nicht alles so heiß gegessen wird, wie es gekocht wird. Diese Menschen haben leider noch nicht gelernt, sich in einem emotionalen Moment ihrem Alter entsprechend zu benehmen.

Diese Menschen suchen vor allem Verständnis. Wenn ihnen in wertschätzender und ruhiger Art begegnet wird, sind sie im Allgemeinen dankbar und beruhigen sich schnell wieder. Das Gewitter ist in der Regel auch sehr schnell vorbei – und sie sind nicht nachtragend. Eine vernünftige und rücksichtsvolle Sprache ist nicht zwingend die Ausdrucksweise aller. Gelegentliche Ausbrüche sind für manche Menschen normal und ihre einzige Möglichkeit, mit Unzufriedenheit, Ärger oder Frust umzugehen.

Was wir UNS sagen können:

> *»In der Wut verliert der Mensch seine Intelligenz«*
>
> *Dalai Lama*

Was wir IHM sagen können:

»Ich verstehe Ihren Ärger. Wir werden bestimmt eine Lösung finden.«

20. »Ich bin der Größte« – der dominante Kunde

Dominante Personen wählen ihre Strategie bewusst oder unbewusst, um andere einzuschüchtern und zu bekommen, was sie wollen. Möglicherweise benehmen sie sich überall und zu jeder Zeit so. Oder aber sie wählen diese Haltung nur gegenüber Personen, die sie als schwächer einstufen als sich selbst.

Die Haltung ist häufig bei langjährigen Führungskräften in hohen Positionen anzutreffen oder bei Leuten, die schnell zu viel Geld gekommen sind. Oft ist ihnen auch die Fähigkeit abhandengekommen, anderen zuzuhören und von ihnen zu lernen. Schwierig am Umgang mit dieser Personengruppe ist die Tatsache, dass es häufig nicht das WAS ist, das sie überheblich erscheinen lässt, sondern das WIE.

Unterschwellige Überheblichkeit, vermittelt durch Tonlage, Mimik und Gestik, ist sehr schwer zu thematisieren. Diese Kunden strahlen häufig eine gewisse Ruhe aus, bewegen sich eher langsam, nehmen viel Raum ein und sprechen laut und deutlich.

Was wir UNS sagen können:

»Ich stehe oder sitze gerade, halte den Kopf gerade, spreche laut, deutlich und langsam.«

»Ich bin auch jemand – ich bin entspannt und ruhig.«

»Ich konzentriere mich ganz auf den sachlichen Inhalt des Gesprächs. Für alle vermuteten oder wirklichen Zeichen von Überheblichkeit bin ich taub und blind.«

»Es braucht immer zwei, damit ein Ungleichgewicht entsteht. Ich bin standhaft.«

Was wir IHM sagen können:

»Ich bedaure die Situation. Wir werden bestimmt miteinander eine Lösung finden.«

Reagieren Sie immer nur auf den sachlichen Inhalt seiner Aussagen! Bei Personen, mit denen wir immer wieder zu tun haben, wäre es vielleicht auch möglich, den Kontakt zu thematisieren.

»Mir ist ein partnerschaftlicher, respektvoller Umgang wichtig. Ich würde mich freuen, wenn wir miteinander auf einer anderen Ebene sprechen könnten.«

»Ich bediene Sie gerne, möchte aber, dass Sie mir gegenüber einen anderen Ton wählen. Wir sind KEINE Untergebenen.«

21. »Ich bin schlauer als ihr« – der unehrliche Kunde

Der Kunde sagt nicht die Wahrheit.

Wie viele Kunden beteuern angesichts des beschädigten Handys, es sei Ihnen absolut noch nie heruntergefallen. Wie häufig kommen Gäste wohl in ein Restaurant und sagen: »Wir haben reserviert!«, obwohl das nicht stimmt? Bei solch kleinen Schummeleien wird man sich wohl bemühen, gute Miene zum bösen Spiel zu machen – auch wenn man sich innerlich kurz über die Unehrlichkeit ärgert. In solchen Situationen stellt sich immer die Frage der Verhältnismäßigkeit.

Was wir UNS sagen können:

- Geht es um eine Kleinigkeit oder um einen größeren Betrag?
- Will ich den Kunden behalten?
- Bin ich ganz sicher, dass der Kunde nicht recht hat, oder bleibt ein Restzweifel?

Vielleicht gebe ich dieses eine Mal nach – mache mir aber eine Notiz, damit der Kunde nicht ein weiteres Mal versuchen kann, unsere Großzügigkeit auszunutzen. Denn wer betrügen will, ist häufig stolz auf seine Tricks und versucht es immer wieder.

Was wir IHM sagen können:

»Ich weiß, wie sorgfältig unsere Mitarbeiter arbeiten, und kann mir darum nur schwer vorstellen, dass das bei uns passiert sein kann. Auf jeden Fall müssen wir jetzt miteinander eine Lösung finden.«

»Ich kann mir kaum vorstellen, dass der Schaden bei uns entstanden sein kann. Selbstverständlich komme ich, den Schaden anzuschauen, und dann besprechen wir das weitere Vorgehen.«

Die Grenzen zwischen Schummeln und Betrügen sind fließend und werden auch unterschiedlich eingeschätzt.

Wenn wir es wirklich mit Betrug zu tun haben

Wenn wir sicher wissen, dass der Kunde im Unrecht ist und versucht, uns zu betrügen, sind wir vermutlich bereit, ihn zukünftig nicht mehr zu unseren Kunden zu zählen.

»Wir kontrollieren die ein- und ausgehenden Kleidungsstücke sehr genau und dieser Fleck wäre unseren Mitarbeitern aufgefallen.« Oder: *»Die gelb-roten Spuren scheinen von einem Pfosten zu sein und wir haben keine solche Pfosten auf unserem Gelände.«*

» … Aus diesem Grund bin ich überzeugt, dass der Schaden nicht bei uns passiert sein kann. Ich bedauere, Ihnen da nicht entgegenkommen zu können.«

»Mitlaufen lassen« oder Diebstahl?

Auch wenn Kunden betriebliches Eigentum entwenden, wird die Bedeutsamkeit unterschiedlich eingeschätzt. Es stellt sich die Frage der Verhältnismäßigkeit und des finanziellen Gegenwertes, doch auch da sind die Grenzen fließend.

Was wir UNS sagen können:

- Handelt es sich um wiederkehrende Kunden?
- Um welchen Geldbetrag geht es?
- Will ich generell gegen Unehrlichkeit vorgehen und gehe ich das Risiko ein, einen Kunden zu verlieren?

Was wir IHM sagen können:

In einigen Fällen können wir die Kunden **diskret** darauf aufmerksam machen.

»Sie haben in Ihrer Tasche etwas, das Sie noch bezahlen sollten.«

Oder: Sie setzen die gestohlenen Artikel auf die Rechnung.

»Schön, dass Ihnen unsere … gefallen. Sie haben sicher Verständnis dafür, dass ich sie auf die Rechnung setzen musste.«

Es gibt auch Kunden, die klauen »aus Spaß«!

> Ich war wirklich entrüstet, als ich einmal bei einer Einladung auf der Gästetoilette die Sammlung von Rettungswesten von verschiedenen Fluggesellschaften sah, die die Gastgeber offensichtlich bei Ihren Geschäftsreisen als Souvenir mit nach Hause genommen hatten.

Echter Diebstahl

Eine Kunde, der klaut, ist kein Kunde!

Achtung! In den meisten Fällen können wir uns nur erlauben, etwas zu unternehmen, wenn wir ganz sicher sind und den Diebstahl beobachtet haben. Handelt es sich nur um eine Vermutung, können wir uns lediglich eine Notiz machen – und den Kunden bei einem nächsten Besuch gut beobachten.

Es macht bei einem solchen Vorfall immer Sinn, die Vorgesetzten hinzuzuziehen oder möglichst die Situation zu zweit anzugehen. Eventuell handelt es sich auch um einen Fall für die Polizei.

22. »Alles wunderbar« – der heimliche Rächer

In der heutigen Zeit werden viele Beschwerden nicht mehr direkt oder vor Ort abgegeben, sondern nachträglich, schriftlich und eventuell sogar öffentlich. Doch entspringt dieses Verhalten nicht immer Feigheit und mangelnder Konfliktfähigkeit (siehe Kapitel 8, Abschnitt »Umgang mit Reklamationen«).

Doch ab und zu gibt es auch Kunden, die sich vor Ort ausdrücklich zufrieden äußern, sich aber einige Tage später »aus heiterem Himmel« beschweren.

Was wir UNS sagen können:

War der Kunde wohl vor Ort schon so unzufrieden oder kam es längerfristig zu einem Stimmungswandel?

Wir zeigen unsere Enttäuschung oder unseren Ärger nicht, sondern nehmen die Kritikpunkte sachlich auf. Wo möglich, bemühen wir uns um Verbesserungen. Wir äußern uns in keinem Moment rechtfertigend oder belehrend. Auf einen negativen Kommentar in einem Internetportal sprechen wir ihn auf keinen Fall direkt an (*»Wie konnten Sie nur «, »Sind Sie sich bewusst, was Sie damit auslösen?«)*

Bei einem nächsten Besuch sind wir ihm gegenüber ganz besonders aufmerksam, sodass uns eine eventuelle Unzufriedenheit nicht entgehen kann.

Was wir IHM sagen oder schreiben können:

»Besten Dank, dass Sie uns mitteilen, wie Sie Ihren Aufenthalt in unserem Geschäft letzte Woche erlebt haben.«

23. »Wie wär's mit uns beiden?« – der aufdringliche Kunde

Was wir UNS sagen können:

Auch in einer Dienstleistungsrolle behalte ich meine Persönlichkeitsrolle. Ich darf mich auf anständige Art und Weise wehren. Falls dies nicht wirkt, werde ich meine Vorgesetzte informieren und um Unterstützung bitten.

Was wir IHM sagen können:

»Bitte lassen Sie das, es ist mir unangenehm.«

»Sie kommen mir zu nahe, ich will das nicht.«

»Ich hole meinen Kollegen, er wird Sie weiterbedienen.«

»Mein Mann hätte keine Freude, wenn er Sie jetzt hören würde.«

Wichtig dabei ist, dass Sie laut und deutlich sprechen und ein ernstes Gesicht machen. Ein Lächeln könnte eventuell fälschlicherweise als Zustimmung gedeutet werden.

7. Der Telefonservice – Ihre Visitenkarte

Hurra – es klingelt!

Viele Mitarbeitende im Kundenkontakt haben »nebenbei« auch noch die Beantwortung interner und externer Anrufe zu bewältigen. Da ein Anruf uns immer aus einer anderen Tätigkeit herausreißt, löst auch der schönste Klingelton nicht wirklich Glücksgefühle aus. Ganz im Gegenteil – wenn man da nicht aufpasst, kann es schon mal sein, dass der Anrufer einen mehr oder weniger deutlichen Seufzer mitkriegt.

Doch auf der anderen Seite ist der Telefonservice eine wichtige Visitenkarte jedes Betriebs, denn:

Für einen guten ersten Eindruck gibt es keine zweite Chance.

Die Qualität der telefonischen Dienstleistung ist enorm wichtig für die Beurteilung des Betriebs durch Anrufende. Sie ist eine Komponente, deren Bedeutung nicht unterschätzt werden darf.

Auch im Telefonservice gilt:

Dienstleistung ist keine Technik, sondern eine Haltung.

Ein Anrufer hat eine Frage, einen Wunsch oder ein Problem. Was auch immer der Grund ist, warum er zum Hörer greift: Nach dem Gespräch mit uns soll er einen Schritt weiter sein als vorher – und zwar auch, wenn sein Anliegen nicht erfüllt werden konnte!

Beispiele

- **Der Anrufer möchte einen anderen Mitarbeiter sprechen. Dieser ist abwesend.**
  Es wird eine Nachricht aufgenommen und dem Mitarbeiter weitergeleitet.
- **Das gewünschte Angebot ist nicht mehr vorhanden.**
  Es wird erklärt, wann es wieder erhältlich ist, oder man überlegt, wie der Anrufer zu dem gewünschten Produkt kommen könnte. Eventuell kann man sogar einen Mitbewerber empfehlen, was einen bleibenden positiven Eindruck beim Anrufer hinterlässt.
- **Der Anrufer ist falsch verbunden.**
  Wann immer möglich, sucht man den richtigen Ansprechpartner oder die richtige Telefonnummer heraus.

Das Telefon ist eines der wichtigsten Marketinginstrumente überhaupt. Jede Person, die anruft, egal ob Kunde, Lieferant oder Bewerber, ist ein zukünftiger positiver oder negativer Werbeträger.

**Ihr Betrieb hat viel Geld für Werbung ausgegeben …
damit sich genau diese Person endlich bei Ihnen meldet!**

Ich selbst habe einmal die Einladung zu einem Vorstellungsgespräch in einem Betrieb nicht angenommen, weil die Telefonistin sofort weniger freundlich wurde, als sie erkannt hatte, dass es sich bei mir »nur« um eine mögliche zukünftige Mitarbeiterin handelte.

Professionelles Telefonieren will gelernt sein!

Telefonieren ist etwas, das wir alle ohne – groß darüber nachzudenken – von Kindesbeinen an tun. Doch gerade darum haben wir uns häufig Verhaltensweisen angewöhnt, die für einen *professionellen* Telefonkontakt nicht immer optimal sind.

In der Folge werden wir uns vor allem mit den eingehenden Anrufen befassen.

Häufige Schwachstellen

- Undeutliche Ansage, Betriebsname wird zu schnell ausgesprochen
- Name ist unverständlich / es wird gar keine Name gesagt
- Mangelnde Hilfsbereitschaft, mangelndes Interesse
- Gewünschte Person ist nicht zu sprechen, keine Hilfestellung bei der Weiterleitung
- Versprochener Rückruf erfolgt nicht
- Gespräch mit Drittpersonen während des Anrufs
- Zu leises oder zu lautes Sprechen
- Nichtanpassung an das Sprechtempo und die Sprache des Gesprächspartners
- Hektik, Ungeduld; Gesprächspartner kann nicht ausreden
- Unbekannte Fachausdrücke
- Wenn etwas intern abgeklärt wird, wird nur die Hand auf den Hörer gelegt und man hört den Kommentar mit (»Es ist wieder die Mühsame von letzter Woche!«)
- Lange Wartezeiten, (15-mal läuten, abnehmen, verbinden, weiterverbinden an die falsche Stelle)
- Zu saloppe Ausdrucksweise (*»okay«, »super«,» ähä«, »tschüss«*)
- Zu viele Hintergrundgeräusche
- Aufforderung, später anzurufen
- Anrufer erhält nur einen Teil der Aufmerksamkeit; es wird parallel an etwas anderem gearbeitet
- abrupter Abschluss

Bei der Helpline des größten Schweizer Telefonanbieters nehmen heute nach Möglichkeit Mitarbeitende der gleichen Altersgruppe wie der Inhaber des Telefonanschlusses die Kundenanliegen entgegen. So soll gewährleistet werden, dass sich ein Großteil der Kunden auch wirklich verstanden fühlt.

Tricks und Tipps

Lächeln, lächeln, lächeln!
Nur wer lächelt, kann am Telefon freundlich wirken.

Wie wirkt meine Stimme? Da wir am Telefon nicht die Gelegenheit haben, unsere Worte durch Gestik oder Körpersprache zu unterstreichen, besteht eine große Gefahr für Missverständnisse. Einfluss auf unsere Wirkung am Telefon haben vor allem Stimme, Wortwahl, Tonfall und die Mimik.

Eine Stimme ist wie eine Klimaanlage. Sie kann ein Gespräch abkühlen oder aufwärmen.

- Es gibt Stimmen, die wirken schon rein durch die Klangfarbe vertrauenserweckend und sicher (meist tiefere Stimmen).
- Wer eine hohe oder junge Stimme hat, muss inhaltlich kompetent wirken, um auf jeden Fall vom Anrufer ernst genommen zu werden. Also nicht: »*Das weiß ich leider auch nicht*«, sondern: »*Da muss ich mich kurz informieren.*«
- Mitarbeitende hochdeutscher Muttersprache sprechen häufig für andere zu schnell.
- Sehr rasches, zackiges Sprechen kann vom Zuhörer als unfreundlich empfunden werden.

Ablauf und Gesprächsführung eingehender Telefonanrufe

Vorbereitung

- Innerlich auf Kommunikation einstellen, kurz innehalten, sich konzentrieren, bevor man in ein Gespräch einsteigt
- Aufrechte Körperhaltung
- Nicht schon zu sprechen beginnen, bevor man den Hörer am Ohr hat
- Begrüßungstext muss sitzen

Einstieg, Begrüßung

- **lächeln**
- Ein Gruß wird in der Ansage erwartet (*»Meier Techniks AG, Petra Seiler, guten Morgen.«*)
- Die Ansage sollte so sein, dass ein Anrufer sie mehrere Male am Tag hören könnte! (*»Einen wunderschönen guten Morgen«* oder *»Ein herzliches Willkommen bei …«* klingt im Wiederholungsfall schnell künstlich und gestelzt.)
- Den Anrufernamen möglichst früh sicherstellen (eventuell notieren), während des Gesprächs sparsam verwenden, bei der Verabschiedung Kundennamen nennen und sich für den Anruf bedanken

Generell im Gesprächsverlauf

- Langsam und deutlich sprechen
- Redetempo übernehmen (das heißt bremsen oder beschleunigen!) – falls nicht genügend Zeit vorhanden, Nummer aufnehmen und Rückruf anbieten
- Kundensprache möglichst übernehmen
- Anrufer nicht unterbrechen, bereits beginnen zu notieren

- Wenn man mehrmals nachfragen muss oder etwas einfach nicht versteht: »*Es ist mir wirklich unangenehm …*« Oder: »*Es ist mir wirklich langsam peinlich, aber …*«
- Vorsicht mit persönlichen »Tick«-Wörtern (»*okay*«, »*oder*«?)
- Unterlagen holen, Gespräch entweder kurz unterbrechen oder kommentieren: »*Einen Moment bitte, ich nehme gleich den Ordner zur Hand.*« Oder: »*So, jetzt habe ich alles vor mir …*«
- »*Ich sehe schnell im System nach, dann können wir uns alles gleich gemeinsam anschauen.*«
- Unterbrechungen erklären: »*Ich verbinde Sie …*«
- Im Gespräch möglichst die Führung übernehmen
- Notizen machen (»*Ich notiere …*«)
- Während des Gespräches zeigen, dass man zuhört (»*Hm*«, »*ja*«, »*aha*«, »*genau*« etc.)
- Schmiermittelworte wie »*gerne*«, »*danke*«, »*Es tut mir leid*« machen jedes Gespräch freundlicher
- Der Anrufer »muss« nichts (»*Da müssen Sie …*«)
- Jubel, Trubel Heiterkeit im Hintergrund … Gespräch in einen anderen Raum oder auf einen anderen Zeitpunkt legen

Bei mehreren Anrufern gleichzeitig

Ansage … anschließend: »*Einen kleinen Moment bitte …*«

Beim Weiterleiten des Anrufs

»*Einen Moment bitte, ich verbinde Sie zu …*«

»*Gerne verbinde ich Sie zu Frau Meier. Ich kann Ihnen für ein nächstes Mal gleich ihre Direktwahl geben.*«

Wenn man das Gespräch zurücknimmt

»Frau Weber, leider ist im Moment niemand erreichbar ...«

»Frau Weber, danke für Ihre Geduld ...«

»Danke fürs Warten.«

Wenn besetzt ist

»Es tut mir leid, er spricht gerade. Möchten Sie eine Nachricht hinterlassen oder es später nochmals versuchen?«

»Kann ich Ihnen möglicherweise behilflich sein?«

Korrektes Weiterverbinden oder »von Pontius zu Pilatus«

Niemand freut sich, wenn er für eine einfache Auskunft mehrere Male das gleiche Sprüchlein aufsagen muss, um danach vielleicht zu hören, dass die zuständige Person momentan abwesend ist!

Häufige »Verbindungssünden«:

- Es wird zu schnell verbunden (ohne dass das Anliegen wirklich erfasst wurde).
- Es wird weiterverbunden, ohne dass die anrufende Person weiß, mit wem oder mit welcher Abteilung sie verbunden worden ist.
- Anrufer müssen ihr Anliegen immer und immer wiederholen, da sich die Mitarbeiter untereinander nicht informieren (ist jedoch nicht in jedem Fall möglich).
- Niemand entschuldigt sich für Fehlverbindungen.

Kein Anrufer sollte intern mehr als zwei Mal weiterverbunden werden.

Rückruf anbieten

»Ich rufe Sie zurück. Wo kann ich sie innerhalb der nächsten Stunde … oder spätestens bis 18.00 Uhr erreichen?«

Gesprächsabschluss

- Inhalte am Schluss des Gesprächs zusammenfassen, Termine oder bestellte Artikel wiederholen
- Einen schönen Tag wünschen
- Dauer der Verabschiedung sollte zu Gesprächslänge passen, also kein zu zackiges Ende nach einem längeren Gespräch
- Nur Versprechen machen, die auch eingehalten werden können
- *»Danke für den Anruf«* oder *»Danke für Ihre Bestellung«* sowie den Kundennamen nennen
- *»Noch einen schönen Tag, auf Wiederhören.«*

Inhaltliches zum Telefonieren

Finden Sie heraus, was der Kunde will oder braucht: Bei der Bedarfsabklärung kann mit kurzen, präzisen und zielgerichteten Fragen viel Zeit gespart werden. Die entsprechenden W-Fragen können bereits vorher überlegt werden. (Was? Wann? Wie? Womit? Wozu?)

»Darf ich Ihnen zu Ihrer Situation/Ihrem Projekt/Ihrem Wunsch ein paar Fragen stellen?«

»Wir werden sicher etwas Passendes für Sie finden.«

»Ich kann mir gut vorstellen, dass das für Sie eine Lösung wäre.«

»In einer ähnlichen Situation haben wir das folgendermaßen gelöst und waren sehr erfolgreich damit.«

Produkte präsentieren: Wenn Sie die Gesprächsführung übernehmen, vermitteln Sie Sicherheit!

»Ich sehe einfach noch nicht genau, was für Ihren Anlass das Richtige ist, und habe darum noch ein paar Fragen.«

»Ich möchte Ihnen nur etwas anbieten, wenn ich überzeugt bin, für Sie das Richtige zu haben.«

»Aufgrund unserer langjährigen Erfahrung haben wir eine enorm hohe Kundenzufriedenheit. Darum lasse ich ehrlich gesagt nicht locker, bis ich genau sehe, was für Sie das Richtige sein könnte. Danke für Ihr Verständnis.«

Positive Grundhaltung! Nicht betonen, was nicht geht, sondern das, was geht.

Statt: *»Das ist diese Woche nicht mehr möglich.«*
Besser: *»Gerne reserviere ich Ihnen einen Termin Anfang nächster Woche.«*

Vorteile, nicht Nachteile hervorheben

Statt: *»Mit diesem Gerät können Sie leider nicht …«*
Besser: *»Das Gerät ist einfach zu handhaben und hat nur die wichtigsten Funktionen.«*

Üben Sie für häufige Anliegen Standardformulierungen ein!

Frage nach dem Preis

»Darf ich fragen, welchen Kostenrahmen Sie sich vorgestellt haben?«

(Das ist absichtlich etwas vage formuliert, damit keine ganz konkrete Budgetzahl genannt wird. Das wäre zu definitiv und kann unter Umständen nur schwer ausgeweitet werden.)

Erklärung für zusätzliche Kosten

»Gerne klären wir das für Sie ab. Bestimmt haben Sie Verständnis, dass wir für diesen zusätzlichen Aufwand einen Unkostenbeitrag von 50 Euro verrechnen müssen.«

Tücken des professionellen Handygebrauchs

Der Gebrauch von Handys ist auch aus dem beruflichen Kontext nicht mehr wegzudenken. Doch häufig sind die persönlichen und technischen Gegebenheiten nicht optimal für ein persönliches Gespräch. Ziel wäre eigentlich, dass der Anrufer kaum merkt, dass auf einem Mobilgerät telefoniert wird. Beim Telefonieren mit dem Handy sollten wir uns folgender Punkte bewusst sein:

- Der Anrufer bekommt alle Nebengeräusch im Hintergrund mit.
- Am Handy fallen wir aus technischen Gründen dem Gesprächspartner schneller ins Wort.
- Am Handy hat zumindest ein Gesprächsteilnehmer nicht alle benötigten Informationen und Unterlagen griffbereit und vermutlich auch nichts zum Schreiben.
- Unser Gesprächspartner sitzt vielleicht mit jemand anderem im Auto, also Vorsicht bei vertraulichen Inhalten.
- Bei wichtigen Gesprächen sollten Sie lieber einen ruhigeren Gesprächstermin vereinbaren.

- Am Handy getroffene Vereinbarungen können schneller untergehen, darum sollten Sie sie nachträglich per Mail bestätigen.

Übrigens: Kunden, die während des Einkaufs oder parallel zum Bezahlen telefonieren, werden von den bedienenden Mitarbeitern als unhöflich und respektlos erlebt.

Kundensprache am Telefon

Wenn wir im Umgang mit Kunden als freundlich und professionell wahrgenommen werden wollen, wählen wir eine etwas »indirektere« Sprache. Und auch da ist wiederum ein Lächeln entscheidend für einen erfolgreichen Gesprächsverlauf!

Statt: »*Da haben Sie mich falsch verstanden.*«
Besser ist: »*Da liegt ein Missverständnis vor.*« Oder: »*Da haben wir uns falsch verstanden.*«

Statt: »*Haben Sie eine Rechnungsnummer?*«
Besser ist: »*Darf ich Sie um die Rechnungsnummer bitten? Sie befindet sich rechts oben unter dem Datum.*«

Statt: »*Sind Sie noch da?*«
Besser ist: »*Danke für Ihre Geduld.*« Oder mit dem Namen des Anrufers zurück in die Leitung gehen: »*Frau Weber …*«

Statt: »*Das weiß ich leider auch nicht.*«
Besser ist: »*Einen Moment bitte, ich werde mich informieren und rufe Sie gleich zurück. Kann ich Sie unter dieser Nummer innerhalb der nächsten halben Stunde erreichen?*«

Statt: *»Er hat schon lange Feierabend.«*
Besser ist: *»Er ist momentan außer Haus. Darf ich ihm etwas ausrichten, damit er Sie morgen zurückruft?«*

Statt: *»Frau X ist heute nicht da …«*
Besser ist: *»Darf ich ihr etwas ausrichten?«*

Statt: *»Um was geht's?«*
Besser ist: *»Darf ich ihm ein Stichwort geben?«* Oder: *»Darf ich fragen, in welcher Angelegenheit Sie anrufen?«*

Statt: *»Da müssen Sie sich an meine Kollegin wenden.«*
Besser ist: *»Meine Kollegin, Frau Köhler, wird Sie zurückrufen.«*

Statt: *»Unsere Geschäftsführerin ist besetzt. Um was geht es?«*
Besser ist: *»Unsere Geschäftsführerin, Frau Moritz, ist im Moment nicht erreichbar. Darf ich bereits ein Stichwort notieren, in welcher Angelegenheit Sie angerufen haben?«*

Statt: *»Sie irren sich.«*
Besser ist: *»Da bin ich anders informiert.«*

Statt: *»Ich habe das Projekt erst kürzlich übernommen, da kann ich Ihnen leider auch nicht mehr sagen.«*
Besser ist: *»Ich bedaure, dass ich Ihnen da nicht behilflich sein kann.«*

Statt: *»Das geht nicht.«*
Besser ist: *»Das könnte schwierig werden.«* Oder: *»Das ist leider nicht möglich.«*

Statt: *»Wie war noch mal Ihr Name?«*
Besser ist: *»Darf ich fragen, wie sich Ihr Name genau schreibt?* Oder: *»Darf ich Sie nochmals um Ihren Namen bitten? Ich habe Sie vorher nicht genau verstanden.«*

Statt: »*Das bearbeitet unsere Buchhaltung. Da müssen Sie dort anrufen.*«
Besser ist: »*Gerne verbinde ich Sie mit der zuständigen Person. Noch einen schönen Tag, auf Wiederhören.*«

Statt: »*Dafür kann ich wirklich nichts.*«
Besser ist: »*Es tut mir leid, Ihnen keinen besseren Bescheid geben zu können.*«

Weitere »Zaubersätze«

- »*Vielen Dank, dass Sie uns anrufen.*«
- »*Wie kann ich Ihnen behilflich sein?*«
- »*Was darf ich sonst noch für Sie tun?*«
- »*Danke, dass Sie uns das mitteilen. Ich schlage vor …*«
- »*Vielleicht wäre es für Sie vorteilhaft …*«
- »*Gerne kläre ich das für Sie ab.*«

Typische Telefonsituationen souverän meistern

Sie bedienen einen Kunden und das Telefon klingelt. Was tun?

Sie bedienen gerade einen Kunden – das Telefon klingelt – und schon sind Sie für einen Moment überfordert. Eigentlich müssten Sie jetzt zu zweit sein. Doch wo ist die zusätzliche Kollegin? Es handelt sich also nicht um ein persönliches Unvermögen, sondern um ein einkalkuliertes Risiko und eine typische Schwierigkeit dieser Aufgabe. Gelegentliche Wartezeiten für Kunden oder Anrufer werden da in Kauf genommen.

Sie müssen also Prioritäten setzen. Sie können beispielsweise

- den anwesenden Kunden zu Ende bedienen und den Anrufer nachher zurückrufen,
- dem Kunden sagen: »*Darf ich wohl schnell … ?*«,
- den Anruf annehmen und nach der Begrüßung sagen: »*Einen Moment bitte.*«

Doch was Sie auch immer tun:

Wer Prioritäten setzt, muss damit leben können, jemanden damit zu verärgern!

Routinierte Mitarbeitende haben das erkannt, zweifeln also in solchen Situationen nicht gleich an ihren eigenen Fähigkeiten und behalten »ruhig Blut«.

Sie müssen Anrufe für Vorgesetzte oder Kollegen »filtern«

Führungskräfte werden heute vielerorts von aufdringlichen Verkäufern oder Lieferanten richtiggehend mit Anrufen bombardiert. Da ist es nur verständlich, dass sie von den Mitarbeitenden erwarten, sie am Telefon zu verleugnen und den Anrufer abzuwimmeln. Da diese jedoch meist außerordentlich trainiert und redegewandt sind, ist das manchmal gar nicht so einfach.

»*Darf ich Ihren Firmennamen notieren? Oder sagen Sie mir bitte, in welcher Angelegenheit Sie anrufen.*«

»*Ich darf nur Gespräche weiterstellen, bei denen mir der Anrufer seinen Namen gesagt hat. Bitte haben Sie dafür Verständnis.*«

»*Meine Vorgesetzte hat mich angewiesen, Ihnen mitzuteilen, dass sie sich bei Ihnen melden wird, falls sie Interesse an Ihrem Angebot hat.*«

Anrufer haben Auskunftswünsche, denen Sie nicht nachkommen dürfen

»Wir sind nicht befugt, telefonische Auskünfte zu diesem Thema zu geben. Bitte senden Sie doch eine Mail an die Adresse. Vielen Dank für Ihr Verständnis.«

»Wenn Sie mit Frau X befreundet sind, haben Sie ja sicher Ihre Handynummer. Bitte rufen Sie sie doch direkt an.«

Anrufer: »Ist er immer noch krank?« Oder »Ist er im Urlaub?«

»Ich weiß nur, dass Herr Meier ab dem 1. August wieder zu erreichen ist.«

»Wir dürfen keine Informationen über unsere Arbeitskollegen/Kunden weiterleiten. Bitte haben Sie dafür Verständnis.«

Ein Kunde ruft mehrere Male vergeblich an, weil der gewünschte Gesprächsteilnehmer nicht erreichbar ist

»Oh, Frau Sutter, es tut mir sehr leid, dass Sie jetzt mehrere Male vergeblich angerufen haben.«

»Geben Sie mir doch Ihre Nummer, dann bitte ich Herrn Ullmann, Sie sofort anzurufen, sobald er zurück ist.«

»Ich schicke meinem Kollegen sogleich eine interne Mail, dass er Sie sofort zurückruft, sobald er sein Gespräch beendet hat.«

»Ich habe meiner Kollegin ausgerichtet, dass Sie angerufen haben. Sie ist also informiert. Ich werde sie nochmals darauf ansprechen.«

Sie haben Mühe, einen fremdsprachigen Anrufer zu verstehen

Es ist eine Tatsache, dass Telefonanrufe mit fremdsprachigen Anrufern eine ganz besondere Herausforderung darstellen. Da gibt es auch keine Patentrezepte. Folgendes könnte hilfreich sein:

Drei Regeln bei Sprachschwierigkeiten am Telefon:
Geduld, Geduld, Geduld!

Wenn Sie sehr unter Druck sind, sollten Sie einen Rückruf zu einem späteren Zeitpunkt anbieten.

- Kann jemand im Betrieb die Sprache des Anrufers?
- Kann man sich gemeinsam auf eine andere Fremdsprache einigen?
- Können eventuell gewisse Informationen schriftlich übermittelt werden (zum Beispiel Adresse, Telefonnummer, Öffnungszeiten)?
- Kann der Kunde vorbeikommen?

Alles schon gehört!

»Ich lege Sie um!«

»Ich verbinde Sie mit …«

»Er ist gerade belegt …«

»Er ist gerade nicht am Platz …«

»Sie ist am Futtern.«

»Ich stelle Sie durch.«

Beantwortung eines ankommenden Telefongesprächs

Checkliste zur Selbstkontrolle

- Lag die Wartezeit bis zur ersten Verbindung unter 20 Sekunden?
- Erfolgte die Begrüßung langsam, deutlich und freundlich?
- Habe ich gelächelt?
- Habe ich mich sorgfältig nach dem Wunsch des Anrufers erkundigt?
- Habe ich den Anrufer mit seinem Namen angesprochen und mir den Namen gemerkt?
- Habe ich kurze, präzise und zielgerichtete Fragen gestellt?
- Habe ich mit wohlklingender, angenehmer Stimme gesprochen?
- Habe ich deutlich gesprochen und mein Sprechtempo dem Anrufer angepasst?
- Habe ich mich für das Anliegen des Anrufers verantwortlich gefühlt und Hilfe angeboten?
- Waren meine Formulierungen kundenorientiert?
- Wie ist die Effizienz in der Sacherledigung?
- Habe ich schnell und professionell weiterverbunden, ohne zu zackig zu wirken?
- Habe ich eventuell den neuen Gesprächspartner über das Anliegen des Anrufers informiert?
- Enthält die aufgenommene Nachricht alle notwendigen Informationen?
- Habe ich wichtige Daten wiederholt?
- Habe ich aktiv zugehört und den Anrufer ausreden lassen?
- Habe ich mich für den Anruf bedankt?

Hilfe – ich muss anrufen!

Mehr Leute, als man denkt, telefonieren im beruflichen Kontext ungern und fühlen sich dabei unsicher. Dann neigen sie dazu, Gespräche vor sich herzuschieben, was sie letztlich aber noch schwieriger macht.

Nachfolgend ein paar Tipps:

- Manchmal braucht es Eigeninitiative. Gerade bei eher unangenehmen Gesprächsinhalten macht es kaum Sinn zu warten, bis man angerufen wird.

  Wenn mich selbst eine Mail ärgert, antworte ich meistens per Telefon. Wenn mich ein Telefongespräch aufregt, gehe ich nach Möglichkeit persönlich vorbei. Diese einfache Regel befolge ich seit vielen Jahren – und sie hat sich immer bewährt!

- Unangenehme Informationen, zum Beispiel verspätete Liefertermine, frühzeitig bekannt geben, sodass sich auch der Kunde auf eine veränderte Sachlage einstellen kann.
- Anrufe bündeln, das heißt nach Möglichkeit mehrere Telefonate nacheinander führen.

Vorbereitung eines ausgehenden Telefongesprächs

Checkliste

- Ist der Zeitpunkt meines Anrufs aus Sicht des Angerufenen günstig?
- Bin ich genügend gut vorbereitet?
- Telefoniere ich in einem ruhigen Umfeld, sodass ich mich voll konzentrieren kann?
- Welche Ziele will ich mit dem Gespräch erreichen?
- Welche Fragen werde ich stellen?
- Habe ich alle notwendigen Informationen griffbereit?
- Habe ich Papier und Schreibgerät bereit?
- Wie formuliere ich mein Anliegen?
- Welche Argumente werde ich verwenden?
- Steht bei meinen Argumenten der Kundennutzen im Vordergrund?

Liebe Chefs – Ihr Beitrag zu einem verbesserten Telefonservice

Keine unrealistische »Maximalklingelvorgaben«

In vielen Betrieben herrschen unrealistische Vorgaben (zum Beispiel jeder Anruf muss spätestens beim zweiten Klingeln entgegengenommen werden). Solche Richtlinien können nur an Arbeitsplätzen eingehalten werden, wo Mitarbeiter ausschließlich telefonischen Kundenkontakt haben. Sobald jemand parallel noch andere Aufgaben wahrnimmt, entsteht durch solche Regeln vor allem ein unnötiger zusätzlicher Druck.

Vermeiden Sie überlange Betriebsnamen und Ansagen, die von den Anrufern unmöglich verstanden werden und darum für Verwirrung sorgen!

> **HerzlichWillkommenimAktonWellness&SPAResortamStadtparkin St.MagdalenenmeinNameistBarbaraVogelsangerWasdarfichheute fürSietun?**

Es ist verständlich, dass sich Geschäftsinhaber bei der Telefonansage vor allem von Marketingaspekten leiten lassen und die wichtigsten Informationen über ihr Haus in der Ansage verpackt haben wollen. Doch der Anrufer will vor allem so schnell wie möglich wissen, ob er mit der richtigen Stelle telefoniert. Gibt es in dem Text noch vereinzelt englische Begriffe, wird das Ganze für viele Anrufer noch missverständlicher. Verlangen Sie von den Mitarbeitenden nur Standardansagen, die bei mehrmaligem Hören nicht gekünstelt wirken.

Standardisierte Formulierungen im Kundenkontakt sind nur so lange sinnvoll, wie der Kunde nicht durchschaut, dass es sich um eine eingeübte Floskel handelt. Also Vorsicht mit *vorgegebenen* Sprüchen wie …

»Ein herzliches Willkommen bei …«

»Einen wunderschönen Tag bei …«

»Ich wünsche Ihnen noch einen schönen Tag …«

Vor- UND Nachname – und passend zur gängigen Betriebs- und Landeskultur

»PZ Pharma AG, Daniela Ruf, guten Tag.«

Ob sich die Mitarbeitenden am Telefon mit dem kompletten Namen oder nur mit Vor- oder Nachname melden, muss zur Branche und zum Betrieb passen. Der anrufende Kunde erwartet jeweils das eine oder das andere und ist am Telefon irritiert, wenn die Ansage nicht mit seinen Erwartungen übereinstimmt. Es muss aber auch für die Mitarbeiter selbst stimmig sein.

Telefonische Ansage im Hotel: *»Hotel am Park, Steffi, guten Tag.«* Wie antworte ich da als höflicher Mensch? *»Guten Tag Frau Steffi?«* oder *»Guten Tag Steffi, da ist Monica«?*

Telefonische Ansage im Fitnesscenter: *»Fitnesscenter am Park, hier ist Frau Studer.«* Häufige Kundenantwort: *»Bist DU das, Steffi?«*

Auf der Suche nach Ansprechpartnern

Es gibt Vorgesetzte, die für sich das Recht in Anspruch nehmen, nicht immer darüber informieren zu müssen, wo sie sich gerade aufhalten. Dabei sind sie sich häufig nicht bewusst, wie viel Ärger und Zeitverlust sie dadurch für ihre Mitarbeitenden verursachen.

Seien Sie erreichbar und informieren Sie klar und verlässlich über Ihre An- und Abwesenheiten. Verlangen Sie das auch von allen Personen, die telefonisch erreichbar sein sollten.

»Habt Ihr den Chef irgendwo gesehen?«

Überprüfung der internen Organisation, der Mitarbeitereinführung und -Schulung

Manchmal sind auch kostengünstig gewisse betriebliche Anpassungen möglich, um vorhandene Schwachstellen zu beseitigen, wie zum Beispiel …

- die Festlegung von fixen Telefonzeiten oder Sperrzeiten für interne Anrufe in den Haupt-Servicezeiten.
- die sorgfältige Einführung und Schulung aller Mitarbeitenden mit Telefondienst und
- die Vorbereitung von neuen Mitarbeitenden auf spezielle Kundenanliegen oder spezielle Anrufer (*»Wenn Sie bei einem Anruf gleich geduzt werden und eine laute »Männerstimme« im Befehlston nach dem Chef verlangt, dann stellen Sie das Gespräch SOFORT direkt durch! Das ist dann meine Mutter!«*)

Die Telefonanlage

In vielen Betrieben sind die Möglichkeiten, die die eigene Telefonanlage bietet, nicht genügend bekannt und werden dadurch nicht voll ausgeschöpft. Da kann es sich lohnen, sich beim Lieferanten oder der Telefongesellschaft genau über das gekaufte System zu informieren.

Checkliste für den betrieblichen Telefonservice

Externe Anrufe

- Wir antworten auf einen externen Anruf nach spätestens 20 Sekunden.
- Wir melden uns mit einem Lächeln und klarer, angenehmer Stimme mit folgenden Worten: » …«
- Nach dem Suchen nehmen wir die Linie wieder auf und sagen: » …«
- Wir fragen, ob eine Nachricht aufgenommen werden kann.
- Anrufer werden nicht mehr als x-mal weiterverbunden.
- Für Nachrichten existiert ein spezielles Formular in Papierform oder elektronisch, das korrekt und gut leserlich auszufüllen ist.
- Es enthält: Name und gegebenenfalls Firma des Anrufers, Name des Mitarbeiters, der die Nachricht aufgenommen hat, eventuell den Grund des Anrufs, Datum und Zeit der Annahme des Anrufs.
- Nach Aufnahme der Nachricht wird alles nochmals wiederholt.
- Die Nachricht wird sofort weitergeleitet.
- Rückrufe werden zuverlässig erledigt.
- An- und Abwesenheiten von Führungskräften und Mitarbeitenden sind der Person am Telefon bekannt.
- Wir verabschieden uns mit folgenden möglichen Sätzen: (mindestens fünf unterschiedliche zur Auswahl)

Interne Anrufe

- Wir melden uns bei internen Anrufen mit: »…«
- Anrufe für Führungskräfte (anwesend/abwesend): »…«
- Privatanrufe für Mitarbeitende auf den Betriebsanschluss: »…«
- Es gibt folgende Handyregeln für Mitarbeitende: …
- Betriebsmitarbeiter ohne eigenen Telefonanschluss (zum Beispiel Lager, Produktion) telefonisch erreichen
- Welche aktualisierten Informationen brauche ich neben dem Telefonapparat? …
- Unsere interne Notfallorganisation: Feuer, Wasser, Unfälle, Krankheiten, Überfälle

- Sind alle notwendigen Hilfsmittel verfügbar und aktuell? Zum Beispiel Schreibmaterial, Notizpapier, vorgedruckte Formulare oder Blöcke für Nachrichten, Bestellungen, Reservationen je nach Betrieb, Telefonlisten von Mitarbeitern und Abteilungen, Anwesenheitslisten, vor allem von Führungskräften, Veranstaltungsprogramme

8. Konfliktsituationen erfolgreich meistern und positiv nutzen

Umgang mit Reklamationen

> *»Ein gut beratener Kunde hat einen großen Bekanntenkreis – ein schlecht beratener kennt die halbe Stadt!«*
>
> *Marc Borlinghaus*

Bei der Behandlung einer Beschwerde ist anfänglich völlig unwichtig, ob die Reklamation berechtigt ist oder nicht. Für uns ist nur eines von Bedeutung: Der Kunde oder die Kundin ist mit unserer Dienstleistung oder unseren Produkten nicht zufrieden. Das ist unangenehm und erfordert unser Handeln.

Auf der anderen Seite ist auch bewiesen, dass kaum etwas häufiger erzählt wird als eine gut behandelte Beschwerde. So kann man sagen, dass es sich dabei wohl um die preiswerteste Werbung überhaupt handelt.

Die richtige Vorgehensweise bei persönlichen oder telefonischen Kundenbeschwerden

1. Zuhören

Hören wir dem Kunden zuerst einmal zu, so fühlt er sich ernst genommen und beruhigt sich möglicherweise bereits. Wir selber haben Zeit, auf den erlebten »Schock« zu reagieren – können gut durchatmen, körperlich etwas Abstand nehmen, um auch innerlich ein wenig Distanz zu schaffen und zur Ruhe zu kommen.

2. Bedauern ausdrücken

Wir bedauern, dass der Kunde oder die Kundin nicht zufrieden ist, zeigen Verständnis, entschuldigen uns oder danken dafür, dass er uns etwas mitgeteilt hat. Wir nehmen eine konstruktive Grundhaltung ein.

Ob der Kunde oder die Kundin im Recht ist, ob beispielsweise ein Fehler passiert ist, können wir zu diesem Zeitpunkt häufig noch gar nicht feststellen. Wir bedauern also nicht ein Fehlverhalten unsererseits – aber *immer*, dass es uns offensichtlich nicht gelungen ist, den Kunden oder die Kundin zufriedenzustellen.

3. Frage: Brauche ich eine Vorgesetzte oder einen Vorgesetzten?

Wenn ja, informieren wir diese Person über den Inhalt der Beschwerde.

4. Beschwerden behandeln

Beispielsweise:

- Sich Zeit nehmen, sich wenn möglich mit der Kundin hinsetzen
- Sich in die Lage der Kundin versetzen
- Bei einem komplizierteren Sachverhalt Notizen machen

- Sich bedanken, dass uns der Kunde etwas mitteilt, und ihm versichern, dass wir die Beschwerde weiterleiten oder etwas unternehmen werden
- Erklären, was wir jetzt tun werden
- Erklären, warum wir nichts tun können
- Freundlich, aber mit Nachdruck auf den eigenen Standpunkt hinweisen
- Dem Kunden recht geben, wenn er recht hat
- Nie schlecht über andere Abteilungen des Betriebs, die Vorgesetzten oder das Unternehmen sprechen
- Zu betrieblichen Entscheidungen stehen (also nicht: »Sagen Sie das dem Chef doch gleich selber, vielleicht nützt's dann eher was!«)
- Kunden nicht belehren wollen
- Handeln, Abhilfe schaffen
- Persönlich Verantwortung übernehmen
- Keine Versprechungen abgeben, die möglicherweise nicht eingehalten werden können
- Eventuell einen Termin für die Behebung bekannt geben, eventuell Nachkontrolle durchführen
- Großzügig sein

5. Nachträgliche Information von Vorgesetzten und Direktion

Möglicherweise sollten Sie die eigene Kommunikation überprüfen. Müssten wir beispielsweise unsere Kunden grundsätzlich auf etwas hinweisen?

> In vielen Bankfilialen können Sie kurz vor Ladenöffnung so laut an die Tür hämmern, wie Sie wollen. Die Mitarbeiterin wird Sie wohl sehen und vielleicht leicht verzweifelt anlächeln. Die Bank wird aber zentral, zusammen mit allen Filialen in allen Städten gleichzeitig vom Hauptsitz aus geöffnet!

6. Aufschreiben des Vorfalls

Sammeln Sie alle Kundenreklamationen in einem »Wir lernen aus Unangenehmem«-Buch und verwerten Sie sie zu Trainingszwecken.

Das Vorgehen bei Reklamationen in sechs Schritten

1. Zuhören
2. Bedauern darüber ausdrücken, dass der Kunde nicht zufrieden ist
3. Sich fragen: Soll ich eine vorgesetzte Person hinzuziehen, die die Beschwerde behandelt?
4. Auf Reklamation eingehen und großzügig sein
5. Gegebenenfalls nachträglich Vorgesetzte informieren.
6. Aufschreiben des Vorfalls ins »Wir lernen aus Unangenehmem«-Buch

Stille Reklamationen: »Den Stier bei den Hörnern packen«

Sie haben den Eindruck, eine Kundin sei nicht zufrieden, bei einer anderen ist ein Missgeschick passiert. Ergreifen Sie die Initiative. Warten Sie nicht, bis Ihr Gegenüber Sie anspricht. Sprechen Sie zuerst. Das braucht Mut, zeigt aber auch Stärke und verbessert Ihre Position. Sprechen Sie sie oder ihn an.

Versuchen Sie es beispielsweise mit den Worten *»Ich habe den Eindruck, als seien Sie nicht zufrieden. Darf ich Sie fragen, ob mein Eindruck stimmt?«*.

Oder: *»Hat Ihnen das Essen nicht geschmeckt oder hatten Sie nicht so viel Appetit?«*

Oder: *»Habe ich oder haben wir etwas getan oder gesagt, das Sie verärgert hat? Wenn ja, möchte ich mich gerne entschuldigen.«*

Die schriftliche Reklamation per Brief oder E-Mail

»Warum hat sie das denn nicht gleich gesagt?«

Dienstleister reagieren häufig mit Unverständnis, wenn sie mit einer für sie unerklärlichen schriftlichen Reklamation konfrontiert werden. Doch dabei ist Folgendes zu beachten:

Vielleicht …

- wollte die Person eine aktuelle gute Stimmung vor Ort nicht gefährden,
- befand sich die Kundin in Begleitung und wollte dieser eine Konfliktsituation ersparen,
- hat sie aus Zeitgründen darauf verzichtet, ihre Unzufriedenheit vor Ort zu äußern,
- schätzte sie ihre Chancen, gehört zu werden, als klein ein,
- ist eine persönliche Kritik wirklich nicht ganz einfach anzubringen (*»Sie sind aber unfreundlich.«*),
- wollte die Person ein Erlebnis zuerst überschlafen, einen Ärger verrauchen lassen oder sich Gedanken machen, wie sie die schriftliche Beschwerde geschickt formulieren sollte,
- will der Kunde testen, wie das Unternehmen mit Beschwerden umgeht,
- ist ihm oder ihr das Anliegen sehr wichtig,
- hat er sich bereits vor Ort geäußert, wurde aber nicht gehört,
- dient das schriftliche Formulieren vor allem dem eigenen Verarbeitungsprozess eines Ärgernisses.

Ganz viele haben also gute Gründe, im Moment selbst vorerst einmal den Mund zu halten und erst mit etwas Abstand zu reagieren. In ganz vielen Lebenssituationen ist das ganz sicher ein kluges Vorgehen. Darum sollte man es den Kunden auch nicht zum Vorwurf machen.

Bei allen schriftlichen Reklamationen gibt es gewisse Punkte zu beachten:

- Die Beschwerde ist dem Kunden sehr wichtig, denn er ist bereit, nachträglich Zeit dafür aufzuwenden.
- Als Empfänger sollten wir vor allem auf den Inhalt und weniger auf die Form achten. Denn: Es ist nicht jedem gegeben, sich schriftlich gut auszudrücken.

Eine Beschwerde ist wie ein Paket – der Inhalt ist wichtiger als die Verpackung.

- Legen Sie bei der Antwort auf guten Stil, perfekte Rechtschreibung und Grammatik höchsten Wert.
- Beantworten Sie nie einen Brief oder eine Mail eines Kunden im ersten Ärger. Lassen Sie das Ganze sich lieber in Ruhe setzen.

Reklamationen per E-Mail

- Der Empfänger erwartet eine schnelle Reaktion. Doch das heißt nicht, dass innerhalb der gleichen Stunde sofort geantwortet werden muss.
- Achtung beim Adressatennamen: Dieser wird manchmal zu schnell vom Rechtschreibeprogramm korrigiert, was zu peinlichen Fehlern führen kann.

Kommentare im Internet

Das Thema »Reklamationen im Internet« wird immer wichtiger und darf auf keinen Fall weiter vernachlässigt werden. An dieser Stelle behandeln wir nur einige dafür zentrale Punkte, weil vermutlich nur wenige meiner Leserinnen und Leser eine Arbeitsstelle haben, bei der die Beantwortung solcher Kommentare zu den täglichen Pflichten gehört.

Kundenkommentare im Internet sind öffentlich – eine gute Reaktion darauf ebenfalls!

Aus diesem Grund sollte auf ALLE Kundenäußerungen, seien sie positiv oder negativ, reagiert werden. Zufriedene oder sogar begeisterte Kunden äußern sich positiv, ja sogar überschwänglich. Doch das nehmen viele Dienstleister schnell für selbstverständlich.

Bei negativen Rückmeldungen leiden heute viele unter dem Gefühl, solcherart Kommentaren im Internet fast wehrlos ausgeliefert zu sein. Diese Reklamationen können auch nur beschränkt beeinflusst oder nachträglich korrigiert werden. Doch sollte man auch nicht aus den Augen verlieren, dass alle Betriebe der eigenen Branche diesbezüglich das gleiche Problem haben. Kunden, die sich auf Internetplattformen informieren, achten heute mehrheitlich auf einen Grundtenor in den Bewertungen und nicht auf vereinzelte positive oder negative Ausnahmekommentare. Mit der Zeit werden sich die Bewertungen auf ein halbwegs realistisches Niveau einpendeln. Doch gerade bei Beschwerden im Internet gilt ganz besonders:

Eine gut behandelte Reklamation ist eine der günstigsten und einfachsten Werbemaßnahmen.

Dabei ist zu beachten, dass möglichst wenig Standardformulierungen verwendet werden und dass die Antworten individuell und persönlich abgefasst sind. Schließlich fällt es allen auf, wenn zwei Schreiber eine praktisch identische Antwort erhalten. Dies gilt für Reaktionen auf negative, aber auch auf positive Kommentare.

Folgende Punkte gehören auf jeden Fall in eine schriftliche Antwort:

- Dank dafür, dass sich der Schreiber die Zeit für ein schriftliches Feedback genommen hat.

Bei positiven Rückmeldungen:

- Bezug nehmen auf die positiv erwähnten Punkte und die Freude darüber ausdrücken
- Dank formulieren, dass der Verfasser sich die Mühe machte, darüber zu schreiben
- Hinweis auf ein eventuell zukünftiges Angebot geben
- Erwartung eines Wiedersehens erwähnen

Bei negativen Rückmeldungen:

- Betroffenheit formulieren, falls negative Punkte erwähnt wurden
- Bedauern ausdrücken, dass der Kunde nicht zufrieden war
- Verständnis zeigen
- Eventuell um Entschuldigung bitten, falls wirklich ein Fehler passiert ist
- Möglichst kurze und knappe Stellungnahmen und Erklärungen abgeben
- Direkten oder telefonischen Kontakt anbieten
- Hinweis auf geplante Verbesserungen geben
- Eventuell Lösung oder Wiedergutmachung anbieten
- Um die Gelegenheit bitten, es beim nächsten Mal besser zu machen
- Eventuell Bezug nehmen auf einen positiven Aspekt der Bewertung, damit das Schreiben konstruktiv endet
- Verabschiedung – Freude über ein mögliches Wiedersehen ausdrücken

Und das ist möglichst zu vermeiden:

- Rechtfertigung
- Schuldzuweisung
- Vorwürfe

Das lass ich mir nicht gefallen – den klage ich an!

Bei absolut unberechtigten oder ehrverletzenden Äußerungen im Internet kann ein Anwalt eingeschaltet werden, doch ist dies ein mühsamer, lange andauernder und teurer Prozess. Die Internetplattformen sind sehr zurückhaltend mit der Löschung von Kommentaren.

Da ist es wesentlich einfacher, selbstkritisch zu überprüfen, was aus dem Kommentar gelernt werden kann, und sich im Alltag zu bemühen, dass möglichst viele positive Kommentare gegenüber vereinzelten negativen bei den Lesern zu einem ausgewogenen Bild führen.

Was wir UNS sagen können:

- Kann ich nachvollziehen, was genau passiert ist?
- Wo liegt der Kern der Unzufriedenheit?
- Ist die Kritik inhaltlich berechtigt? Kann ich mir zumindest vorstellen, aufgrund welcher Tatsachen sie entstanden ist?
- Kann ich etwas daraus lernen?
- Hole ich bei meinen Kunden genügend Feedback direkt ab?

Was sagen wir dem Kunden, der eine negative Äußerung im Internet gemacht hat, wenn wir ihn das nächste Mal persönlich treffen? NICHTS!

Kunden, die sich nicht offen und ehrlich äußern, können oft auch selbst nicht mit ehrlichem Feedback umgehen. Doch wir zeigen durch unser Verhalten und die gleichbleibende Freundlichkeit, dass wir den Kommentar gelesen haben und bereit sind, an Verbesserungen zu arbeiten. Vielleicht ist ein Kunde im persönlichen Kontakt auch unsicher und hätte nicht den Mut zu einer direkten Konfrontation.

Generell gilt jedoch auf jeden Fall: Lieber eine offen geäußerte Rückmeldung, als dass jemand in seinem persönlichen Umfeld schlecht über den Betrieb spricht und dieser nicht darauf reagieren kann, weil er es gar nicht weiß.

> *»Kunden, die mit Reklamationen kommen, sollte man die Füße küssen. Woher sonst bekommt man eine so preiswerte Schwachstellen-Analyse?«*
>
> *Erwin Koch*

Eine betriebliche Reklamationspolitik ist schnell erstellt

In vielen Betrieben ist nicht genau geregelt, wie konkret mit Beschwerden umgegangen werden soll. Dabei ist eine solche einfache Reklamationspolitik schnell erstellt. Hier ein paar Leitfragen:

- Welche Regeln haben wir für den Umtausch von bei uns gekauften Produkten? Gibt es Ausnahmen von diesen Regeln? Wann? Wer darf darüber entscheiden?
- Wie gehen wir im Reklamationsfall vor?
- Was sollen/dürfen Mitarbeitende selbst entscheiden und lösen?
- Welche Vorgaben haben wir in Bezug auf Rückerstattungen und Ersatz?
- Wann soll die Führungskraft einbezogen werden?
- Wie geht es weiter, wenn das Problem mit dem Kunden nicht gelöst werden kann?
- Wer wird nachträglich worüber informiert?
- Wie werden schriftliche Beschwerden bearbeitet? Innerhalb welcher Frist? Durch wen?
- Wie gehen wir mit Kommentaren in Internetportalen um? Wer ist dafür zuständig?

Der Mitarbeiter muss NEIN sagen – die Führungsperson sagt JA

Mitarbeiter und Führungsperson sagen dem Kunden nicht das Gleiche, das heißt, der Mitarbeiter muss einen Wunsch ablehnen, den die Führungsperson dem Kunden nachträglich gewährt!

Mitarbeitende erleben es immer wieder, dass sie und ihre Führungsperson dem Kunden nicht die gleiche Antwort auf einen Wunsch geben. Solche Situationen sind vor allem für Mitarbeitende sehr unangenehm.

Das Teufelsdreieck des Kundenkontakts

Folgende Situation erleben Dienstleister allerorts immer wieder.

1. Der Kunde hat ein Anliegen, auf das der Mitarbeiter aufgrund seiner Vorgaben nicht eingehen darf. Er muss also **NEIN** sagen.
2. Der Kunde verlangt nach dem Chef – und die Führungskraft sagt **JA**.

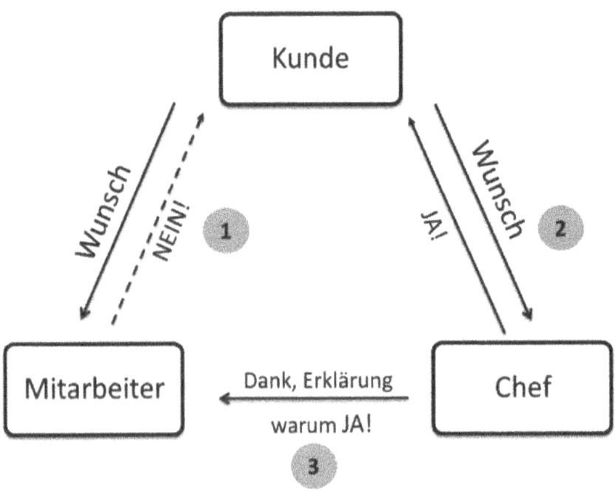

Eine unschöne Situation für den Mitarbeitenden, vor allem wenn dies aus einer Laune heraus geschieht oder weil die Führungskraft schwer Nein sagen kann. Vielleicht gibt es ja aber auch berechtigte Gründe für sein Ja, Gründe, die die Mitarbeiter vielleicht gar nicht kennen, weil sie über gewisse Informationen nicht verfügen.
Der Chef oder die Chefin sollte aber unbedingt darauf hinweisen, dass der Mitarbeiter richtig gehandelt hat und dass dem Kunden nur »*ausnahmsweise*« entgegengekommen wird.

3. Nachträglich sollte die Führungskraft

   a) dem Mitarbeiter danken, dass er die betrieblichen Regeln vertreten hat, und
   b) erklären, *warum* der Kunde bekommen hat, was er wollte.

   Sehr häufig werden diese Punkte unterlassen, was die Mitarbeitenden verständlicherweise frustriert.

Umgang mit Aggressivität und Provokationen

Es gibt Momente, in denen Kunden aus ihrer Rolle fallen und Dienstleistende in einer Form behandeln, die diese sich nicht gefallen lassen müssen. Je nach eigener Befindlichkeit gelingt es uns dann, über solchen Angriffen zu stehen und sie gar nicht an uns heranzulassen. Oder aber wir sind bereits wütend oder verletzt und wollen reagieren. Gerne wären wir in solchen Momenten ganz besonders schlagfertig. Doch das schaffen nur die wenigsten und auch die müssen diese Fähigkeit immer wieder trainieren.

Die meisten Menschen haben immer eine gute Antwort bereit – nur leider mit zehn Minuten Verspätung!

Gut so, denn diese zehn Minuten haben uns bestimmt schon vor mancher Peinlichkeit bewahrt! Schlagfertige Erwiderungen sind nie wohlüberlegt und darum auch nicht immer passend. Im Umgang mit Kunden müssen wir darum einen andern Weg wählen: Wir sollten uns bereits im Voraus einige mögliche gute Antworten zurechtlegen, um sie bei Bedarf abrufen zu können.

Die nachfolgenden Reaktionsweisen sind also nicht spontane, brillante Entgegnungen, sondern wohlüberlegte und wirkungsvolle »Standardsätze«, die wir uns angewöhnen und mit der Zeit in ungewöhnlichen, unerwarteten Momenten spontan verfügbar haben.

Wichtig ist, dass es uns gelingt, ruhig und gelassen zu wirken, wenn wir uns zur Wehr setzen. Dies erhöht die Wirkung auf unseren Gesprächspartner ganz gewaltig. Das ist gar nicht so schwierig, da wir ja bereits wissen, was wir sagen oder tun wollen.

Wählen Sie sich auch bei den nachfolgenden Reaktionen vorerst eine bis zwei aus, die Sie in den nächsten Wochen in Ihrem Alltag ausprobieren möchten.

Sie werden sehen, es kann sogar ein bisschen Spaß machen!

Zehn im Kundenkontakt anwendbare Methoden der Selbstverteidigung

1. **Freundlich und liebenswürdig bleiben, Ironie oder Übertreibung vermeiden**
   Viele Kunden beruhigen sich dadurch, womöglich schämen sie sich sogar ein wenig.
2. **Nur auf der sachlichen Ebene kommunizieren, Abwertungen ignorieren**
   Kundin: »*Arbeiten eigentlich nur Ausländer hier?*«
   Mitarbeiterin: »*Nein, wir haben auch zwei Schweizer Kollegen.*«
3. ***»Nur schauen«***
   Die unfreundliche Person einen Moment lang wortlos, mit fragendem Blick und ohne Lächeln anschauen, danach ruhig und sachlich zur Tagesordnung übergehen.
4. **Zweisilbige Antwort:**
   »Soso?« – »Soso!« – »Aha!« –»Ah ja?« – »Ui!«
   Durchatmen – dann ruhig und sachlich zur Tagesordnung übergehen.
5. **Rückfrage: *»Wie bitte? Entschuldigung ... wie darf ich das verstehen?«***
   Kaum jemand wiederholt eine unangebrachte Äußerung ein zweites Mal.
6. **Nach Details fragen**
   Zum Beispiel als Antwort auf Pauschalurteile
   Kunde:
   - »Ihr Betrieb ist ja wirklich eine Zumutung.«
   - »Diesen Fraß bringt man ja nicht runter.«
   - »Ihr habt ja keine Ahnung, was Kundendienst heißt.«
   - »Eure Produkte sind wirklich das Letzte.«
   - »Ihr seid die letzten Halsabschneider.«

   Mitarbeiter:
   - »*Was hat Ihnen nicht geschmeckt?*«
   - »*Welche Aspekte finden Sie ungenügend?*«
   - »*Welche Eigenschaften haben unsere Produkte nicht erfüllt?*«
   - »*Was meinen Sie genau?*«

7. **»Spiegeln«** (siehe auch Kapitel 4, Abschnitt »Wer fragt, führt«)
   Die Aussage des Kunden in eigene Worte gekleidet wiederholen oder seine Gefühlslage sachlich beschreiben.
   Kunde: »Ihr Betrieb ist ja wirklich der letzte Saftladen, in dem ich je war.«
   Mitarbeiterin: *»Sie haben etwas anderes erwartet.«*
   Oder die sachliche Feststellung:
   - *»Sie sind mit unserer Leistung nicht zufrieden.«*
   - *»Sie sind sehr ärgerlich.«*
   - *»Sie sind sehr enttäuscht.«*

   Der Kunde wird meist erklären und konkrete Beispiele bringen.
   Wer austeilt, darf sich nicht wundern, wenn der andere AUA sagt (-auch wenn er in einer Dienstleisterrolle steckt).

8. **Grenzen kurz und knapp abstecken**
   Kundin anschauen, nicht lächeln, Kopf schütteln, eventuell sagen: *»So nicht.«*

9. **Grenze ausführlich abstecken**
   Gesprächsstil ansprechen und klären:
   »Ich finde es schade, wenn wir so miteinander sprechen.«
   Oder: *»Wenn wir so miteinander sprechen, kommen wir nicht weiter.«*
   »... Bitte lassen Sie es uns anders versuchen.«
   »Sie werden jetzt sehr persönlich. Ich denke nicht, dass das Ihre Absicht ist.«
   »Mit dieser Aussage haben Sie mich persönlich beleidigt. Bitte, lassen Sie das! Danke.«
   »Ich verstehe Ihren Ärger durchaus, bitte Sie aber, in einem andern Ton mit mir zu sprechen.«
   »Ich rede respektvoll mit Ihnen – und ich denke, dass ich das Gleiche von Ihnen erwarten darf.«
   »Wenn Sie in diesem Ton weitersprechen, werde ich Sie nicht mehr bedienen.«
   »Ich denke nicht, dass ich persönlich diesen Ton verdient habe.«

10. **Vorwürfen zustimmen und sie dadurch entkräften**
    Kundin: »Sind Sie so blöd, wie Sie aussehen?«
    Mitarbeiterin: *»Ja, das habe ich mich auch schon gefragt.«*
    Kunde: »Euch sollte man alle entlassen.«
    Mitarbeiter: *»Da haben Sie sicher recht.«*
    Und die andern Kunden hören mit!
    Seien Sie sich bewusst: Auch wenn vielleicht ein Fehler passiert ist – sobald ein Kunde schreit, tobt oder Sie beschimpft, sind die Sympathien der restlichen Kunden immer bei den Mitarbeitenden!

»Schreibe nichts der Böswilligkeit zu, was durch Dummheit hinreichend erklärbar ist.«

Englisches Sprichwort

»Oi oinziche Atombomb ko oim dr ganze Dag versaue!«

Schwäbisches Sprichwort

9. Stress, lass nach … – entspannt und gelassen, was immer passiert

Mit »Stress« bezeichnen wir Momente, in denen wir uns nicht als Herr oder Herrin unserer Lage erleben. Dann sind wir angespannt, unter Druck und fühlen uns ohnmächtig und überfordert. Solche Situationen können kurzfristig auftreten oder sogar zu einer andauernden Lebenssituation werden.

Stress empfinden wir, wenn nicht WIR die Situation, sondern die Situation UNS im Griff hat.

Wie Stressgefühle entstehen

Warum empfinde ich das eine Mal Stress und das andere Mal nicht? Es sind unsere eigenen Gedanken und Gefühle, die darüber entscheiden, ob wir uns belastet und angespannt fühlen oder nicht. Die Situationen an sich sind zu einem großen Teil grundsätzlich neutral.

Wie viel Stress jemand empfindet, ist individuell sehr unterschiedlich. Was den einen schon fast an seine Belastungsgrenzen führt, löst bei einem anderen lediglich ein wissendes Lächeln aus. Doch wie entscheidet sich, ob wir eine Situation als belastend empfinden oder nicht?

Die Ausgangslage – eine Anforderung

Es ist eine spezielle Situation entstanden. Diese kann durch ein äußeres Ereignis ausgelöst worden sein. Oder innere Erwartungen, Wünsche und Ziele können zu dieser erhöhten Herausforderung führen. Häufig sind auch äußere und innere Aspekte kombiniert.

Die Entscheidung, ob uns eine Situation belastet oder nicht, basiert auf zwei Grundüberlegungen, die wie zwei Filter wirken.

Unser Unterbewusstsein stellt sich blitzschnell folgende zwei Fragen:
1. Wie wichtig ist das Ereignis für den Kunden, den Betrieb, für mich?
2. Wie groß ist meine Fähigkeit, diese Situation souverän zu meistern?

1. **Wie wichtig ist das Ereignis für mich, mein Leben, für den Betrieb?**
   Ein Großteil der Stressgefühle entsteht, weil die Beteiligten die Bedeutung einer bestimmten Situation spontan als viel zu dramatisch einschätzen.

Geht es bei meiner Arbeit wirklich um Leben und Tod?

Verspätete Lieferungen enden selten wirklich dramatisch, Mitarbeiter werden nicht wegen eines einzigen Fehlers entlassen und Gäste, die länger warten mussten, sind noch selten verhungert. Hier ist also vermehrt Gelassenheit gefragt.

2. **Wie schätze ich meine Fähigkeit ein, die aktuelle Situation bewältigen zu können?**
   Vermutlich hat man die gleiche Situation schon wiederholt gemeistert und immer überlebt. Und trotzdem – bei jedem neuen Eintreten steigen Zweifel auf, ob die Herausforderung wohl bewältigt werden kann.

Sobald wir die Anforderungen als bedeutend einschätzen, gleichzeitig aber eine gewisse Unsicherheit verspüren, entsteht spontan ein Gefühl von Anspannung und Aufregung. Unser Denken wird blockiert, und es stehen uns automatisch nicht mehr alle Fähigkeiten zur Verfügung, die wir zur Bewältigung der Situation bräuchten.
Gelingt es uns aber, uns daran zu erinnern, dass wir die vorliegende Situation schon wiederholt gut gemeistert haben, bleiben wir ruhig und gelassen.
Auf der Basis dieser beiden Gedanken entstehen blitzschnell die passenden Gefühle. Messe ich der Situation hohe Bedeutung bei und zweifle gleichzeitig an meinen Fähigkeiten, diese bewältigen zu können, werden spontan unangenehme Gefühle entstehen. Das passiert auch, wenn es objektiv gesehen überhaupt keinen Grund zur Beunruhigung gibt.

Stressauslöser im Kundenkontakt

Äußere Stressursachen mit Kunden

Alle erwarteten Kunden kommen gleichzeitig: Viele Geschäfte oder Betriebe haben im Laufe des Tages absolute Spitzenzeiten und ruhigere Phasen. Ein Restaurant, das in der Mittagszeit nicht voll ist, macht etwas falsch und die Geschäfte im Bahnhof leben davon, dass die Reisenden abends auf dem Nachhauseweg noch schnell etwas einkaufen.

Diese erhöhten Kundenfrequenzen treten täglich zur ungefähr gleichen Zeit auf. Sie können erwartet und geplant werden. Bei einer guten betrieblichen Organisation und gut geschulten Mitarbeitern sollten die erhöhten Anforderungen eigentlich nicht zu Stressgefühlen führen.

Das höhere Kundenaufkommen kann aber auch unerwartet auftreten, wie beispielsweise als Folge einer Panne im öffentlichen Verkehr.

Es kommen mehr Kunden als erwartet. Diese Situation ist wohl gut fürs Geschäft, wird aber von Mitarbeitenden nicht immer als erfreulich erlebt.

In vielen Berufen mit Kundenkontakt ist die Arbeit nur beschränkt planbar. Wie viele Kunden genau kommen, wann sie kommen, ob sie einfache oder eher schwierig zu erfüllende Wünsche haben, ob sie viel oder wenig Beratung brauchen, weiß man vorher in den wenigsten Fällen genau.

Dienstleistende halten sich für Kundinnen und Kunden bereit – der effektive Kundenansturm kann selten genau vorausgesagt werden. Momente der kurzfristigen Überforderung und Überlastung können darum nicht immer verhindert werden.

Unerwartet viele Kunden müssen nicht zu einem Stressempfinden führen. Stehen keine Vorwürfe im Raum und sind sich alle bewusst, dass die Mitarbeitenden ihr Bestes geben, um eine unverhofft entstandene Situation zu bewältigen, können solche Momente sogar zu unvergesslichen positiven Erinnerungen werden.

> Ich erinnere mich an ein Bankett anlässlich der Weltpremiere eines neuen Automodells. Der Organisator hatte statt für 1600 Gäste versehentlich nur für 1200 bestellt. Wir mussten also für 400 Personen noch innerhalb einer Rekordzeit Sitzplätze und Verpflegung organisieren. Allen war klar, dass uns keine Schuld traf. So wurde das Ganze für alle Mitarbeitenden eine positive Herausforderung und danach ein tolles Erfolgserlebnis.

Zu wenig Mitarbeiter: In Dienstleistungsberufen kann nicht immer verhindert werden, dass ab und zu weniger Mitarbeitende anwesend sind, als eigentlich benötigt würden. Ist dies aber allzu oft der Fall, werden nicht nur die Kunden, sondern auch die Mitarbeitenden das Verständnis für die bestehende Situation verlieren.

Schwierige Situationen mit Kunden: Unangenehme Begegnungen mit Kunden sind nachhaltig belastend. Häufig werden solche Situationen von den Mitarbeitenden immer wieder aufs Neue erduldet, ohne dass sich diese einmal systematisch überlegen, wie man sie längerfristig reduzieren oder besser bewältigen könnte.

In vielen Betrieben sind es gar nicht so sehr die Kunden, sondern Führungskräfte, Kollegen und ungünstige Rahmenbedingungen, die dafür sorgen, dass eine Situation als belastend erlebt wird.

Nervöse Vorgesetzte

> *»Stress ist ein Bazillus, der von Unsicheren in leitenden Stellungen auf die Mitarbeiter übertragen wird.«*
>
> *Oliver Hassencamp*

Hektische Vorgesetzte denken, durch ihr nervöses Verhalten würden sie die Mitarbeitenden zu höherem Tempo anspornen. Dabei bewirken sie damit nur einen höheren Druck, sodass mehr Fehler passieren und die ohnehin schon angespannte Situation unangenehmer wird.

Auch unrealistische Erwartungen oder keine klare Linie in Entscheidungen und Prioritäten wirken belastend. Am einen Tag heißt es beispielsweise: »Alle an die Kundenfront«, womit nicht etwa ein Kriegsgeschehen gemeint ist. Am nächsten Tag heißt es: »Wo bleibt meine Statistik, die hätte gestern fertig sein sollen!« So entsteht bei den Mitarbeitenden der Eindruck, bei aller Anstrengung ihrer Arbeit nie wirklich gerecht werden zu können.

Die lieben Kollegen: Wenn die Zusammenarbeit im Team gut ist, können die Mitarbeitenden sehr viel bewältigen. Sobald aber Sand im Getriebe ist, werden auch Kundenkontakte als belastender wahrgenommen. Kollegen werden vor allem auch dann zu einem großen

Stressfaktor, wenn sie zu wenig motiviert oder ausgebildet sind und darum viel Unterstützung brauchen.

> Zu oft sieht man im Sommer auf Restaurantterrassen völlig überforderte Studenten, die zwar ihr Bestes geben, doch durch Mangel an Fachkenntnis und Servicetechnik ihre Aufgabe nur knapp bewältigen können. Meist wurden diese Mitarbeitenden von den Vorgesetzten ungenügend auf ihren Urlaubsjob vorbereitet. Das belastet zwangsläufig auch die besser ausgebildeten Kollegen.

Wenn auch nur EINE Person nicht den gleichen Einsatz wie die anderen leisten kann oder will, leidet das gesamte Team. Die Kollegen werden während einer gewissen Zeit die mangelnde Leistung dem Frieden zuliebe übernehmen. Doch längerfristig steigt die Unzufriedenheit und Teamprobleme sind programmiert.

Schlechte Organisation und Planung: Die sogenannte Betriebsblindheit führt dazu, dass Optimierungsmöglichkeiten von Organisation und Planung oft nicht klar genug erkannt werden. Man macht so weiter, wie es immer war, ohne Schwachstellen bewusst zu analysieren und Verbesserungen einzuleiten.

> Kürzlich besuchte ich einen Betrieb, in dem ich vor 25 Jahren als Abteilungsleiterin gearbeitet hatte. Die langjährigen Mitarbeiterinnen und Mitarbeiter zeigten mir im Büro voller Stolz meinen damals von Hand gezeichneten letzten Dienstplan, der während all der Jahre wie in Stein gemeißelt beibehalten worden war. Einzig die Namen von neuen Mitarbeitenden hatten sie jeweils auf Klebeband geschrieben und über einen anderen Namen geklebt!

Unlogische Arbeitsabläufe: Als Kunde bekommt man immer wieder mit, wie unpraktisch vielerorts Geschäfte und Betriebe organisiert sind. Da sind die Fähigkeiten der Vorgesetzten gefragt, solche Abläufe zu erkennen und zu optimieren.

In einem Schuhgeschäft beobachtete ich neulich Folgendes: Die Kassiererin musste bei jedem Kunden acht Schritte von der Kasse weg und wieder zurückgehen, um die jeweiligen Schuhkartons zu holen. Dadurch dauerte der Zahlvorgang der einzelnen Kunden lange und die Warteschlange hatte eine beträchtliche Länge erreicht! Wenn die Kassen in allen Betrieben der Schuhhauskette gleich eingerichtet sind, werden da pro Jahr viele Wochen wertvoller Arbeitszeit verschwendet!

Mangel an Arbeitsmaterial: Es gibt Betriebe, in denen die Mitarbeiter richtiggehend um benötigtes Arbeitsmaterial kämpfen müssen. Wer effizient arbeiten will, ärgert sich, wenn täglich wertvolle Zeit verloren geht, weil man auf der Suche nach notwendigen Utensilien ist. In der Gastronomie neigen dann die Mitarbeitenden dazu, das rare Gut irgendwo zu horten und zu verstecken. So wird der Mangel an Kaffeelöffeln, Servicetabletts oder Bettwäsche insgesamt gesehen noch größer. (Viel Verstecktes wird dann übrigens vergessen – und häufig Jahre später bei der Betriebsliquidation erst wiederentdeckt.)

Innere Stressursachen

Es ist bedeutend einfacher, sich gegen die Erwartungen anderer zu wehren als gegen die eigenen.

»Ich erwarte von mir ...«

Gestresste Menschen sind immer Personen, die ihre Arbeit gut machen wollen und hohe Ansprüche an sich selbst haben. Doch manchmal machen sie sich dadurch das Leben auch unnötig schwer und werden zu ihrer eigenen größten Stressquelle.

Die Tatsache, dass man als Dienstleister nicht nur im eigenen Namen, sondern auch stellvertretend für die Firma spricht und handelt, verstärkt den empfundenen Druck. Für die eigene erlebte Belastung spielen dabei berufliche, aber auch private Selbsterwartungen eine Rolle.

Ein ganz junger Seminarteilnehmer erzählte mir Folgendes: Er arbeitet den ganzen Tag im Verkauf und besucht dreimal wöchentlich abends eine Weiterbildung. Danach kocht er sich jeweils zu Hause eine warme Mahlzeit. Nach dem Essen sei er aber dann meist zu müde, um noch die Küche aufzuräumen, was ihn sehr stresse. Auf die Einwände der anderen Teilnehmer, das sei doch verständlich und er solle sich doch nicht so unter Druck setzen, antwortete er in vollem Ernst: *»Aber bei meiner Mutter sieht die Küche abends um 23.00 Uhr NIE so aus.«*

»Ich wollte doch aber gerade etwas erledigen …«

Warum kommen eigentlich so viele Kunden im »falschen« Moment? Es gibt Dienstleistende, die dafür bezahlt werden, andauernd gestört zu werden! Sie können immer nur so lange an einer Arbeit bleiben, bis der nächste Kunde oder die nächste Kundin kommt oder bis das Telefon klingelt!

Viele Berufe mit direktem Kundenkontakt sind eine Mischung aus Verfügbarkeit für die Kunden und anderen Aufgaben, die anfallen und erledigt sein müssen. Oft kann man sich nur bei Letzteren klare Ziele setzen und ist dann frustriert, wenn sie nicht erreicht werden können.

Sie wollten heute zwei Offerten schreiben, das Lager aufräumen, eine Bestellung verschicken oder ein wichtiges internes Gespräch führen. Jede Kundin oder jeder Kunde, die oder der Sie »stört«, hält Sie von der Erreichung Ihres Zieles ab.

Hier gilt es zu lernen, die eigene Zufriedenheit nicht nur aus den geplanten Aufgaben zu schöpfen, sondern auch aus »Störungen« und nicht kurzfristig messbaren Kundenkontakten.

»Stress … das sind Handschellen, die man ums Herz trägt.«

Helmut Qualtinger

Gelassene Reaktion auf plötzliche Überlastung

Stressmomente ereilen uns manchmal plötzlich, gewissermaßen in Form eines unerwarteten »Überfalls«. Das können echte dramatische Notfälle sein – doch meistens sind es verhältnismäßig harmlose Situationen, denen man sich spontan nicht gewachsen fühlt und die immer wieder die gleichen Reaktionen auslösen.

Wenn Sie nicht achtsam sind, passiert innerhalb weniger Sekunden Folgendes mit Ihnen:

- Sie erschrecken.
- Ihre gute Laune verschwindet blitzartig, Ihr Stimmungspegel sinkt schlagartig unter null.
- Ängstliche Gedanken machen sich breit.
- Diese produzieren blitzschnell ungute Gefühle.
- Sie atmen nicht mehr richtig und sind nicht mehr »bei sich«.

Sobald wir emotional in einer Situation gefangen sind, wird überlegtes Handeln immer schwieriger. Dann lösen wir Probleme nie mehr so gut und erfolgreich, wie wir dies mit klarem Kopf könnten. Dabei bräuchten wir gerade in solchen Augenblicken all unsere Energie, um richtig zu reagieren. Wenn es uns gelingt, die Situation mit Gelassenheit anzunehmen, reagieren wir mehrheitlich richtig und geschickt. Die Tatsache, dass wir uns in solchen Augenblicken zuerst überrumpelt und ratlos fühlen, ist verständlich und *normal.* Schließlich kommt eine solche Attacke meist unvorbereitet und wir stehen im ersten Moment unter Schock. Deswegen geht es in erster Linie darum, innerlich auf Distanz zu gehen.

Dafür gibt es verschiedene Bilder und Methoden. Wir beschränken uns hier auf ein Modell, nämlich die sogenannte STAR-Ampel:

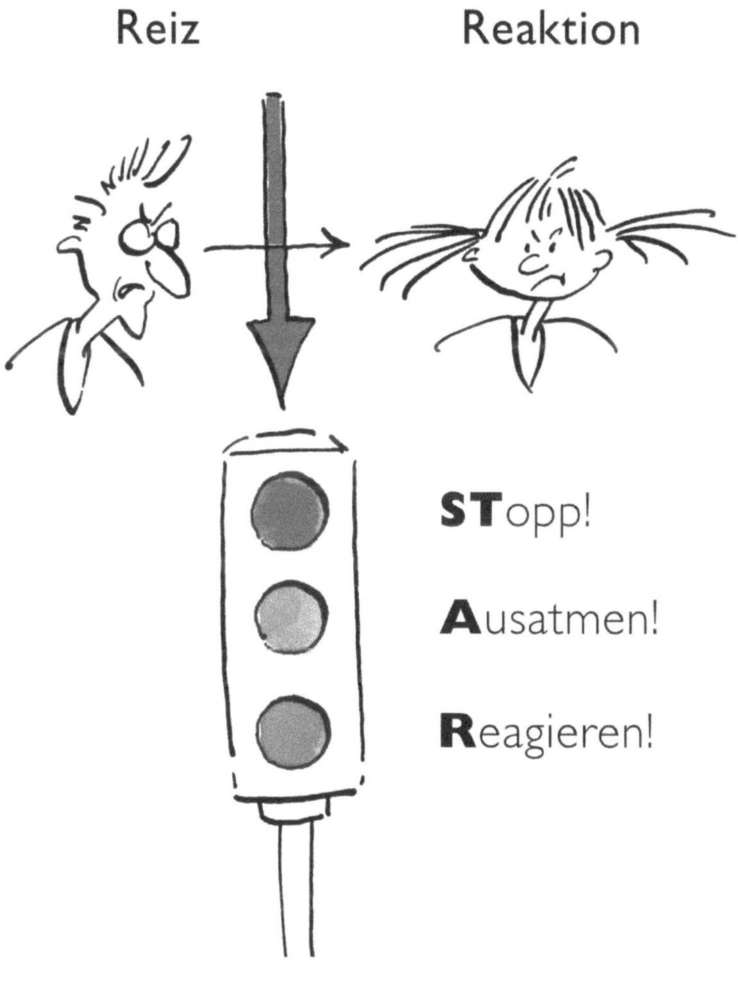

1. **Stopp (Die Ampel steht auf Rot!)**
   Ich unterbreche bewusst und unmittelbar die Reiz-Reaktionskette. Denken Sie daran: Die Missachtung einer roten Ampel wird teuer! Beim Autofahren entspräche die Reaktion einer Vollbremsung.

2. **Ausatmen (Die Ampel zeigt Gelb.)**
   Ich finde zu mir selber zurück, indem ich tief durchatme und für einen Moment bewusst gedanklich bei mir verweile. (Eventuell gedanklich rückwärts bis zehn zählen!) *Ich schalte herunter.*

3. **Reagieren (Die Ampel wechselt auf Grün.)**
   Ich spreche und handle mit innerer gefühlsmäßiger Distanz, die ich jetzt aktiviert habe. *Ich fahre los, im ersten Gang.*
   Genauso wie im Straßenverkehr ein Rotlicht in uns (zumindest meistens) einen Bremsreflex auslöst, sollte die Reaktion auf eine unerwartete Stresssituation automatisch ein inneres Umschalten »von Rot über Gelb bis Grün« bewirken. Wenn wir dieses gedankliche Herunterschalten trainieren, wird die Reaktion mit der Zeit zu einem Automatismus.
   Falls das Ampelmodell nicht auf Anhieb Wirkung zeigt: Wechseln Sie die körperliche Position, stehen Sie beispielsweise auf, wenn Sie gesessen haben. Wenn das geschehen ist, spielen Sie das Ampelmodell nochmals durch.

Generelle Tipps für das Handeln in solchen Druckmomenten

- Stopp! Stresssituation als solche erkennen
- Ausatmen, durchatmen
- Kopf einschalten – handeln
- Aktuelle Situation akzeptieren
- Überwachung der inneren Stimme, nicht vor sich hinschimpfen
- Prioritäten setzen: Was muss ich jetzt als Erstes tun?
- Kann ich jemanden um Hilfe bitten?

- Ruhig und konzentriert arbeiten, eins nach dem anderen machen
- Inneren Abstand bekommen, eventuell aufstehen, sich vorstellen, unter einer Käseglocke oder hinter Panzerglas zu sein
- Sich nicht für alles verantwortlich fühlen
- Stress ist ansteckend! Inneren Abstand von zu nervösen Personen wahren
- Körperliche Arbeit zuerst erledigen, denn sie hilft, Stress abzubauen
- Teamarbeit hilft, Stressgefühle abzubauen
- Humor ist die beste Medizin!

Was man sich sagen kann

»Das geht vorbei – ich bin ruhig und konzentriert.«
»In der Ruhe liegt die Kraft.«
»Es ist ja NUR ... (mein Chef, meine Arbeit, ein Kunde)«
»Ich bin bei der Arbeit und nicht auf der Flucht.«
»Take it easy!«

> *»Es isch, wie's isch.«*
>
> *Schwäbisches Sprichwort*

Tipps für das Verarbeiten unmittelbar danach

- Stolz sein, dass die Situation überstanden ist
- Hinter den Kulissen Dampf ablassen, falls nötig
- Körperliche Arbeit zuerst erledigen, denn sie hilft, Stress abzubauen!
- Mit andern über die Situation sprechen
- Etwas anderes tun, auf andere Gedanken kommen
- Sofort überlegen, was man aus der Situation lernen kann

- Versuchen, die heitere Seite der Situation zu erkennen
- Gang zur Toilette als bewusste Auszeit nutzen
- Mittagspause an der frischen Luft verbringen
- An den Feierabend denken und was man dann Schönes machen wird
- Sich selbst belohnen

Gedanklicher Rückblick

- Warum bin ich so unter Druck geraten?
- Kann dies zukünftig vermieden werden oder ist dieser Stressfaktor ein Bestandteil meiner Arbeit?
- Kann ich mich besser organisieren?
- Kann ich meine Kollegen schneller um Hilfe bitten und Arbeit abgeben?

- Kann ich meine Einstellung verändern?
- Brauche ich Unterstützung? Wer könnte etwas beitragen?
- Sage ich möglicherweise zu viel Ja statt Nein?
- Habe ich unrealistische Erwartungen an mich und an andere?
- Weiß ich, was mir Kraft gibt und was mir Kraft nimmt?
- Treibe ich genügend Sport oder einen anderen Ausgleich? (Man sagt, dass nach 20 Minuten die Stresssituation meist verarbeitet ist.)
- Könnte ich ein Entspannungsverfahren lernen? (Yoga, Meditation, autogenes Training)

Stressmomenten vorbeugen und sie längerfristig reduzieren

1. Handeln – was kann ich konkret tun?

- Was stresst oder belastet mich?
- Was kann ich tun, um diesen Stressfaktor zu reduzieren oder sogar zu eliminieren?
- Gibt es Rahmenbedingungen, die uns – aber auch unseren Kunden – das Leben erschweren? Können wir diese Situationen verändern?
- Ist unsere interne Organisation optimal auf Überlastungszeiten abgestimmt?
- Arbeiten wir mit modernem und dem Betrieb angepasstem Material?
- Nutzen wir Hilfsmittel (zum Beispiel Anrufbeantworter), um Spitzenzeiten zu überbrücken?
- Ist alles benötigte Material immer in genügender Menge vorhanden? Wer ist dafür zuständig? Wie regelmäßig finden die Kontrollen statt?

- Sind die Dienstpläne optimal? Sind betriebliche Schwankungen berücksichtigt? Wird den unterschiedlichen Mitarbeiterqualifikationen Rechnung getragen?
- Gibt es in unserem Betrieb unklare Regelungen, die immer wieder zu Stresssituationen führen?
- Kommt es wiederholt zu Leerläufen und Doppelspurigkeiten? Wie könnten diese reduziert werden? Wer ist dafür zuständig?
- Wissen wir bei allen planbaren Aufgaben, wie viel Zeit für deren Erledigung eingesetzt werden muss? Sind diese zeitlichen Vorgaben bei hohem Kundenandrang realistisch?
- Gibt es Momente, in denen wir ständig auf's Neue improvisieren müssen?

Arbeitsplätze

- Ist mein Arbeitsplatz sauber, organisiert und strukturiert?
- Haben wir alle wichtigen, notwendigen Materialien und Unterlagen griffbereit?
- Gibt es Dinge, die wir regelmäßig suchen müssen, verlieren wir dadurch wertvolle Zeit?

Abläufe

- Sind die Prozesse und Verfahren sinnvoll, praktisch und logisch?
- Sind diese Prozesse schriftlich dokumentiert und wird die Dokumentation immer aktuell gehalten?
- Haben wir genügend Vor- und Nachbereitungszeit, bevor die ersten Kunden kommen?
- Ist unsere Arbeitsorganisation und Planung optimal?
- Haben alle Mitarbeitenden die Informationen, die sie für ihre Arbeit brauchen?

Zusammenarbeit

- Sind die Stellvertretungen klar geregelt?
- Haben wir »Joker«-Personen, die bei hoher Kundenfrequenz kurzfristig einspringen können? Wissen diese Personen genau, was sie tun sollen? Wurden sie sorgfältig darauf vorbereitet?
- Sind wir so gut organisiert, dass wir uns nicht unnötig stören?
- Nutzen wir alle vorhandenen Hilfsmittel und Checklisten oder neigen wir dazu, schnell einen anderen zu fragen, statt selbst etwas nachzuschlagen?
- Kennen wir gegenseitig die Stärken der einzelnen Teammitglieder und sind die Aufgaben nach Möglichkeit entsprechend verteilt?

Sich selbst entwickeln

- Führt mein mangelndes Wissen oder eine fehlende Fähigkeit dazu, dass mich eine bestimmte Kundengruppe besonders stresst, weil ich ihre Fragen nicht beantworten kann oder ihre Sprache nicht verstehe?

Kommunikation mit Kunden

- Liegen die wichtigsten herausfordernden Situationen mit Kunden in schriftlicher Form vor? Wissen wir, was wir beispielsweise antworten können?
- Ist der Ablauf in einem Beschwerdefall klar definiert?

Persönliche Vorbereitung, um Stresssituationen gut zu bewältigen:

- Bin ich immer rechtzeitig bei der Arbeit oder wäre es sinnvoll, etwas früher vor Ort zu sein?
- Erledige ich auch Unangenehmes gleich, statt es vor mir herzuschieben?

- Habe ich realistische Erwartungen an mich selbst und an andere?
- Setze ich mir Ziele, die auch bei hohem Kundenandrang erreichbar sind?
- Sind meine Ziele überschaubare Häppchen oder große Brocken?
- Kann ich auch zufrieden sein, wenn ich nichts von dem, was ich mir eigentlich vorgenommen hatte, erreicht habe?
- Bleibe ich in Momenten der kurzfristigen Überlastung ruhig?
- Spreche ich Missverständnisse und Konflikte immer so schnell wie möglich an?
- Habe ich erkannt, welche Menschen in meinem Umfeld mich mit negativen Energien anstecken, und gelingt es mir, einen inneren Abstand zu diesen zu halten?

Erste Schritte

- Welche konkreten Ziele setze ich mir?
- Welche Verbesserungen will ich vorschlagen oder umsetzen?
- Wo bekomme ich Unterstützung?

2. Die Einstellung verändern

Es gibt Stress- oder Ärgerfaktoren, die zum gewählten Beruf oder zu der Arbeitsstelle gehören. Solange Sie diese Stelle haben, werden Sie mit den unangenehmen Aspekten rechnen müssen. Dazu gehören bestimmte eher mühsame Kunden genauso wie eine immer wiederkehrende Frage oder die eher schwierige Frau des Firmeninhabers.

Da geht es darum, sich eine Einstellung anzueignen, damit man ruhiger mit der Situation umgehen kann und sich nicht immer wieder von Neuem darüber ärgert.

Starke Gefühle werden schneller wahrgenommen, als die gesamte komplexe Information ins Hirn gelangen kann. Gefühle sind also schneller als der Kopf. Diese Reaktionsmuster erlauben uns eine blitzartige, automatische Einschätzung einer Situation. Aber diese schnelle Einschätzung kann auch falsch sein und zu Fehlverhalten führen.

Auch im Kundenkontakt sind diese Reaktionen nicht immer hilfreich. Wiederkehrende unangenehme Situationen werden dadurch auf die immer gleiche Art angegangen. Blitzschnell steigen die immer gleichen Gedanken auf:

- *»Oh Gott … nicht DER schon wieder!«*
- *»Hilfe … ich werd das NIE schaffen!«*
- *»Typisch – der nimmt mich nicht für voll!«*
- *»Schon wieder einer, der mich nicht respektiert!«*
- *»Nicht schon wieder diese blöde Frage … Hat der keine Augen im Kopf?«*

»Wenn ich nur schon einen Kunden mit einer Plastiktüte unseres Geschäftes reinkommen sehe, geht's mir schon schlecht!«, sagte eine Seminarteilnehmerin, weil sie jedes Mal annimmt, dass eine Reklamation auf sie zukommen wird.

Verantwortlich für diese spontane gefühlvolle Reaktion in unserem Gehirn ist der sogenannte Mandelkern. Er ist der Speicher emotionaler Erinnerungen. Er liefert die gelagerten Informationen extrem schnell und zieht sofort seine Schlüsse, bevor er eine Bestätigung erhält. Daher auch unsere sehr jähen spontanen Reaktionen.

Während dieser Teil des Gehirns bereits Reaktionen auslöst, »denkt« der andere immer noch über eine passende Reaktion nach. Diese zweite Art von Reaktion dauert jedoch länger, kann aber umsichtiger und abgewogener sein, da in diesem Bereich des Gehirns zuerst gedacht und erst dann gefühlt wird. Doch häufig ist es dann bereits zu spät. Wir haben gehandelt oder etwas gesagt und können uns nun nur noch mit den Resultaten und Konsequenzen unserer voreiligen Reaktion auseinandersetzen. So erklären sich unsere sofortigen starken Verstimmungen, sei es in Richtung Ärger oder in Richtung Trauer.

Unsere Einstellung zu wiederkehrenden »Stressmomenten« verändern

Situation	automatische Gedanken	automatische Gefühle	neue Gedanken	Resultat
Schwieriger Kunde kommt zur Tür rein	»Oh Gott ... nicht der schon wieder.«	Anspannung, Unsicherheit	»Ich hab's noch immer überlebt.«	Ich werde ruhiger.
Viele Kunden, Mitarbeiter ist allein	»Hilfe ... ich werd das NIE schaffen!«	Angst, Gefühl, ausgeliefert zu sein	»Ich tue mein Bestes. eins nach dem andern!«	Ich werde ruhiger.
Kunde grüßt nicht	»Typisch – der nimmt mich nicht für voll.«	Wut, Frust	»Er ist wohl in Gedanken.«	Ich werde ruhiger.
Kunde behandelt mich nicht korrekt.	»Schon wieder einer, der mich nicht respektiert.«	Ärger, Frust	»Er ist und bleibt ein überheblicher Typ. Traurig für ihn!«	Ich werde ruhiger.
»Haben Sie umgebaut?«	»Nein, nicht schon wieder diese blöde Frage ... Hat der keine Augen im Kopf?«	Ärger	»Er kann es nicht wissen und stellt die Frage zum ersten Mal.«	Ich werde ruhiger.

3. Die eigene Belastbarkeit erhöhen, die Gefühle verändern

In vielen Lebenslagen macht es Sinn, nicht nur über die Situation und die richtige Einstellung nachzudenken, sondern auch ganz bewusst zu sich selbst zu schauen und Aktivitäten zu pflegen, die einem guttun. Dies könnten beispielsweise sein:

- Kontakt mit Freunden, Familie und Haustieren
- Hobbys pflegen
- Lieblingsmusik hören, tanzen, spielen, malen
- Sich in der Natur aufhalten
- Sport treiben
- Sich etwas gönnen
- Zeit für sich selbst nehmen, um seine Batterien wieder aufzuladen
- Sich von Menschen mit negativen Energien wo möglich fernhalten
- Urlaubs- oder andere Pläne schmieden

10. Nichts erschüttert mich – keiner schüchtert mich ein!

Eine gute Portion Selbstsicherheit ist eine wichtige Voraussetzung für gelungene Beziehungen. Doch wer kann schon ehrlich von sich selbst sagen, dass er oder sie wirklich jederzeit voller Selbstvertrauen ist – und das schon immer war? (Die Begriffe »Selbstvertrauen«, »Selbstsicherheit«, »Selbstwertgefühl« stehen nicht genau für das Gleiche. Ihre Definitionen sind aber so nah verwandt, dass ich sie in diesem Trainingsbuch als Synonym verwende.)

Warum ein gesundes Selbstvertrauen im Kundenkontakt wichtig ist

Selbstvertrauen ist eine zentrale Eigenschaft, die uns nicht angeboren ist, sondern sich von Kindheit an langsam entwickelt. Jedes Leben bietet genügend Nährboden für Unsicherheiten und Ängste, jeder von uns wurde schon einmal gekränkt oder ausgelacht. Solche Momente haben sich uns allen eingeprägt und beeinflussen unser Verhalten und unsere Reaktionen ein Leben lang, ohne dass wir uns dessen wirklich bewusst sind.

Es gibt wohl kaum reflektierte und sensible Menschen, die noch nie unter mangelnder Selbstsicherheit gelitten haben. All diejenigen, die mit einer »Was kostet die Welt, ich will sie kaufen«- Haltung durchs Leben gehen, merken früher oder später, dass echte Selbstsicherheit erworben werden muss und nicht einfach so vom Himmel fällt. Unsicherheit bringt uns besonders im Kundenkontakt viele Nachteile.

Wer zu wenig Selbstvertrauen aufweist ...

- interpretiert Äußerungen und Verhalten von Kunden sehr schnell und bezieht sie auf sich,
- nimmt Kritik gleich persönlich, fühlt sich gekränkt und in seinem Wert herabgesetzt,
- ist mit sich selbst zu kritisch und glaubt der eigenen kritischen Stimme jeden Unsinn, den sie über sich selbst erzählt,
- macht sich dadurch innerlich selbst schlecht (»Du bist blöd, vergesslich, dumm« etc.) und lädt dadurch unbewusst andere dazu ein, ihn oder sie schlecht zu behandeln.

Personen, die nicht sehr selbstsicher sind, fühlen sich schnell persönlich angegriffen oder verletzt.

Nehmen Sie Kundenaussagen oder -verhalten zu persönlich? Machen Sie den Test

Was lösen folgende Äußerungen bei Ihnen aus?

- »Ist Ihre Kollegin nicht da?«
- »Ihr Vorgänger war super.«
- »Sind Sie in diesem Bereich kompetent?«
- »Das muss vermutlich ein Fachmann anschauen.«

Was empfinden Sie bei folgenden Verhaltensweisen?

- Der Kunde grüßt nicht.
- Der Kunde trommelt mit den Fingern auf den Tisch.
- Ein Kunde steht mit einem Artikel an der Kasse an, seufzt nach drei Minuten, legt den Artikel zurück und verlässt das Geschäft.
- Ein Gast schnipst mit dem Finger, um die Bedienung zu rufen.

Wer mit einem gesunden Selbstbewusstsein auftritt, kann sich nicht nur besser behaupten und durchsetzen, sondern wird oft bedeutend besser behandelt als jemand, der einen unsicheren Eindruck erweckt.

Wenn wir in einem Kundenkontakt bewusst oder unbewusst das Gefühl haben, die schwächere Position innezuhaben, haben wir bereits zugestimmt, in einem Spiel des Ungleichgewichts mitzumachen – und zwar in der benachteiligten Rolle. Das macht uns verletzlich und wir schreiben unbewusst die Rolle der Stärke dem anderen zu.

Dieses Gefühl kann sich in der Mitarbeitenden-, aber auch in der Kundenrolle einstellen. Manche Menschen gehen mit Gefühlen der Unsicherheit so um, dass sie sich *übertrieben* selbstsicher geben, also genau das Gegenteil von dem ausstrahlen, was sie eigentlich fühlen. Dadurch gelingt es ihnen, nicht nur ihr Umfeld zu täuschen, sondern auch sich selbst.

In einem Kontakt zwischen Mitarbeitenden und Kunden haben somit mehr oder weniger unsichere Menschen miteinander zu tun, die vielleicht nur darauf warten, schlecht behandelt zu werden.

Es sind also immer zwei Personen beteiligt, wenn sich in der persönlichen Kommunikation zwischen zwei Menschen ein Ungleichgewicht einstellt. Oft ist der Eindruck, jemand anderer sei arrogant, vor allem Ausdruck der eigenen Unsicherheit, denn nur wer die Bereitschaft hat, sich »von oben herab« behandelt zu fühlen, wird es auch werden.

Wenn wir die Selbstsicherheit generell betrachten, handelt es sich um verschiedene Aspekte, die mehr oder weniger schwierig zu optimieren sind:

- Halte ich andere für besser, stärker, klüger als mich selbst?
- Fühle ich mich unsicher im Umgang mit anderen?

- Lasse ich mich von anderen zu schnell dominieren?
- Habe ich Mühe, mich zu wehren oder abzugrenzen?
- Traue ich mir zu wenig zu?
- Zweifle ich daran, etwas bewirken zu können, und neige ich dazu, mich als Opfer zu sehen?

Auf dem Weg zu mehr Selbstsicherheit im Umgang mit Kunden

All diese Aspekte können dank einiger Tipps, die Sie in diesem Arbeitsbuch finden, nachhaltig verändert werden. Einige dieser Themen machen uns möglicherweise ein Leben lang zu schaffen und wir lernen immer wieder dazu.

Doch Kundenkontakt ist eine wunderbare Gelegenheit, Selbstsicherheit zu trainieren. Die folgenden Regeln können, konsequent befolgt, einen wesentlichen Beitrag leisten.

Überwachen Sie Ihre innere kritische Stimme!

Unser innerer Monolog ist ein wichtiger Schlüssel zur Erreichung eines verbesserten Selbstwertgefühls. Die meisten Menschen sprechen innerlich mit sich selbst. Überwachen Sie diesen inneren Monolog. Wie spricht diese Stimme mit Ihnen? Wenn sie Ihr eigenes Verhalten kommentiert, was hören Sie? Mehr Angenehmes oder mehr Unerfreuliches? Setzt Sie diese innere Stimme unter Druck? Kommen »Du sollst«- oder »Ich sollte«-Sätze häufig vor?

Häufig nehmen wir nur das Negative persönlich, Positives ignorieren wir oder schreiben es dem Glück oder dem Zufall zu. Dadurch unterstützen wir andauernd unser negatives Selbstbild. Doch das können wir ändern: Sie sind der einzige Mensch, der jeden Tag, rund um die Uhr, Ihr ganzes Leben lang, mit Ihnen zusammen ist. Nur Sie selbst sehen jeden Ihrer Fehler, Ihre Vergesslichkeit, nur Sie selbst bemerken jeden Fleck oder jede Laufmasche.

Was glauben Sie, wie viele Dummheiten andere machen! Seien Sie deshalb fair mit sich. Werfen Sie sich nicht andauernd jede Unzulänglichkeit vor.

Denken Sie daran:

Was wir von uns selber halten, ist entscheidend für unser Schicksal.

Vorsicht bei Vergleichen mit anderen Personen

Wer dazu neigt, sich mit anderen Personen zu vergleichen, vergleicht sich häufig nicht mit der ganzen Person, sondern nur mit den Spitzenfähigkeiten anderer, also: Ich möchte so gut aussehen wie X, so viele Fremdsprachen können wie Y und so gut mit Kunden reden können wie Z. Da können wir ja nur den Kürzeren ziehen!

Oder aber wir vergleichen uns mit Personen, die auf einem Gebiet mit ganz außergewöhnlichen Gaben gesegnet sind und diese auch konsequent entwickeln. Doch auch da können wir kaum mithalten.

Mozart hat mit vier Jahren seine ersten Stücke komponiert. Was haben SIE in diesem Alter gemacht?

Denken Sie daran: Wir alle sind nur Mittelmaß – fast überall!

Lernen Sie, Kundenverhalten weniger auf sich selbst zu beziehen. Trennen Sie das, was Sie wirklich sehen oder hören, konsequent von Ihren Interpretationen und Gefühlen.

Was der Kunde sagt und was er vermutlich meint oder will

»Können Sie nicht etwas schneller arbeiten?«
Ich habe wenig Zeit. Oder: Ich bin ein ungeduldiger Mensch.

»Wird man hier eigentlich nicht bedient?«
Ich bin in Eile.

»Das ist viel zu teuer.«
Ich möchte weniger ausgeben.

»An dem Preis können Sie doch sicher noch etwas machen.«
Handeln ist ein Spiel, das ich gerne versuche.

»Seien Sie doch etwas flexibel.«
Ich möchte eine Sonderregelung.

»Das habe ich SO nicht bestellt.«
Ich möchte (möglichst unentgeltlich) etwas anderes.

»Ihren Job würde ich mit links machen.«
Ich bin ärgerlich und mache meinem Ärger auf unhöfliche Art Luft.

»Wer diese Vorhänge ausgesucht hat, hat wirklich keinen Geschmack.«
Ich will mich äußern, erwarte Zustimmung.

Ihre Dienstleistung ist das Letzte.«
Ich bin enttäuscht, ich habe etwas anderes erwartet.

»Das ist der hinterletzte Saftladen.«
Ich bin unzufrieden und äußere das auf unerzogene Art.

Ein Kunde macht immer den gleichen Spruch oder Witz. Er will etwas zu einer lockeren Atmosphäre beitragen. (Häufig ist es auch eine Aufforderung zum Mitspielen.)

Ein Kunde macht einen Spruch oder Witz, den Sie immer wieder hören – und der sie darum nervt. Er will etwas Lockeres beitragen (und weiß nicht, dass viele andere schon auf die gleiche Idee gekommen sind).

Achten Sie im Umgang mit dominanten Personen auf Ihre Körpersprache

- Nehmen Sie mehr Raum ein, sitzen oder stehen Sie etwas breiter und offen, das heißt, verschränken Sie weder Arme noch Beine.

- Halten Sie den Kopf gerade, stehen Sie aufrecht auf beiden Beinen.
- Sprechen Sie laut, deutlich und eher langsam.
- Achten Sie nur auf den sachlichen Inhalt der Aussagen und werden Sie immun für Tonlage, Mimik oder Gestik, die eine eventuelle Überheblichkeit ausdrücken könnten.

»Niemand kann Ihnen die Selbstachtung nehmen, das können nur Sie selbst tun.«

Eleanor Roosevelt

Seien Sie mutig und treffen Sie Entscheidungen

In den meisten Betrieben sind nicht alle Situationen bis ins Detail geregelt. Da ist man auf Mitarbeitende angewiesen, die überlegt, aber auch mutig gewisse Entscheidungen fällen und dafür dann auch geradestehen. Das können sie natürlich nur, wenn die Führungskräfte nach einer eventuellen Fehlentscheidung hinter ihnen stehen.

Handeln Sie – entschuldigen können Sie sich immer noch!

- Freuen Sie sich an Ihren Erfolgen und halten Sie diese schriftlich fest.
- Nutzen Sie Misserfolge als Chance zu lernen.
- Überprüfen Sie Ihre Erwartungen an sich selbst.

Schlusswort

Zu denken, zu reden und zu handeln wie ein Topdienstleister – das dauert. Doch wenn Sie es können, ist es einfach Teil Ihrer Arbeit.

Sie werden erleben, wie es ihnen immer leichter fällt, in wiederkehrenden Situationen perfekt zu reagieren. Sie werden in den verschiedensten Momenten nicht mehr sprachlos sein. So brauchen Sie in Ihrer Arbeit im persönlichen und telefonischen Kundenkontakt immer weniger Energie und kommen entspannter durch Ihre Arbeitstage. Sie werden nicht nur selbst immer besser und erfolgreicher, sondern auch ein großes Vorbild für Berufseinsteiger und Lernende.

Aber haben Sie Geduld mit sich selbst. Akzeptieren Sie Ihren individuellen Lernprozess und freuen Sie sich über den Erfolg.

> *»Wir sind das, was wir wiederholt tun. Vorzüglichkeit ist daher keine einzelne Handlung, sondern eine Gewohnheit.«*
>
> *Aristoteles*

Ich wünsche Ihnen gutes Gelingen – und bleiben Sie dran!

Über den Austausch mit Leserinnen und Lesern freue ich mich sehr:

Monica Schori & Partner GmbH
Schulung, Beratung, Entwicklung, Mediation
Rossauerstrasse 34, CH - 8932 Mettmenstetten
www.monica-schori.ch, E-Mail: info@monica-schori.ch
Tel. 0041 44 910 66 60

Über die Autorin

© Pit Buehler

Monica Schori verfügt über langjährige Dienstleistungserfahrung, unter anderem als Inhaberin leitender Positionen in diversen namhaften Hotels. Sie spezialisierte sich auf Personalentwicklung und hält nun als selbstständige Beraterin Dienstleistungsseminare und Trainings für Unternehmen aller Größen und Branchen. Mit ihrer Tätigkeit möchte sie einen Beitrag leisten, damit es Menschen in der Berufswelt besser geht. Neben »Kundenkontakt« sind Leadership, Projektmanagement, Zusammenarbeit, Kommunikation und Selbstmanagement ihre wichtigsten Themen.

Stichwortverzeichnis